BYOB 创意编程

——Scratch扩展版教程

于方军　主编

清华大学出版社

北 京

内 容 简 介

本书系统阐述了Scratch图形化编程软件的一个扩展版BYOB的初步应用,使读者能够初步了解用程序解决问题的一般步骤和方法。

本书在编写形式上,以主题引领任务,以任务驱动应用,以应用带动能力,可操作性强。本书结合本地化素材,通过"剧情简介"、"准备道具"、"编写剧本"、"剧情延展"等,以讲故事的方式,启发读者在探究的过程中完成学习任务。这种编排形式,也有利于使用本书进行教学的教师在此基础上创建自己的本地化教材。

本书是零起点教材,适合于九年一贯制教学,教师可根据学生的学习情况灵活选择章节进行教学。本书的第3、4章的结构化程序设计部分可以作为算法教学的基础课程使用,便于学生理解各种程序结构。第5、6章可以作为网络知识、硬件知识的先导课程。同时,本书也适合于图形化编程爱好者,特别是原来的Scratch使用者。

图书在版编目(CIP)数据

BYOB创意编程:Scratch扩展版教程/于方军主编. --北京:清华大学出版社,2014(2019.6重印)
(青少年科技创新丛书)
ISBN 978-7-302-37474-9

Ⅰ. ①B… Ⅱ. ①于… Ⅲ. ①程序设计－青少年读物 Ⅳ. ①TP311.1-49

中国版本图书馆CIP数据核字(2014)第170764号

责任编辑:帅志清
封面设计:刘　莹
责任校对:袁　芳
责任印制:刘海龙

出版发行:清华大学出版社
　　　　　网　　　址:http://www.tup.com.cn,http://www.wqbook.com
　　　　　地　　　址:北京清华大学学研大厦A座　　　　　邮　　编:100084
　　　　　社 总 机:010-62770175　　　　　　　　　　　邮　　购:010-62786544
　　　　　投稿与读者服务:010-62776969,c-service@tup.tsinghua.edu.cn
　　　　　质量反馈:010-62772015,zhiliang@tup.tsinghua.edu.cn
印 装 者:山东润声印务有限公司
经　　销:全国新华书店
开　　本:185mm×260mm　　　　印　张:8　　　　字　　数:177千字
版　　次:2014年10月第1版　　　　　　　　　　印　　次:2019年6月第2次印刷
定　　价:52.00元

产品编号:059424-02

序 （1）

吹响信息科学技术基础教育改革的号角

（一）

信息科学技术是信息时代的标志性科学技术。 信息科学技术在社会各个活动领域广泛而深入的应用，就是人们所熟知的信息化。 信息化是 21 世纪最为重要的时代特征。 作为信息时代的必然要求，它的经济、政治、文化、民生和安全都要接受信息化的洗礼。 因此，生活在信息时代的人们应当具备信息科学的基本知识和应用信息技术的基础能力。

理论和实践表明，信息时代是一个优胜劣汰、激烈竞争的时代。 谁先掌握了信息科学技术，谁就可能在激烈的竞争中赢得制胜的先机。 因此，对于一个国家来说，信息科学技术教育的成败优劣，就成为关系国家兴衰和民族存亡的根本所在。

同其他学科的教育一样，信息科学技术的教育也包含基础教育和高等教育两个相互联系、相互作用、相辅相成的阶段。 少年强则国强，少年智则国智。 因此，信息科学技术的基础教育不仅具有基础性意义，而且具有全局性意义。

（二）

为了搞好信息科学技术的基础教育，首先需要明确：什么是信息科学技术？ 信息科学技术在整个科学技术体系中处于什么地位？ 在此基础上，明确：什么是基础教育阶段应当掌握的信息科学技术？

众所周知，人类一切活动的目的归根结底就是要通过认识世界和改造世界，不断地改善自身的生存环境和发展条件。 为了认识世界，就必须获得世界（具体表现为外部世界存在的各种事物和问题）的信息，并把这些信息通过处理提炼成为相应的知识；为了改造世界（表现为变革各种具体的事物和解决各种具体的问题），就必须根据改善生存环境和发展条件的目的，利用所获得的信息和知识，制定能够解决问题的策略并把策略转换为可以实践的行为，通过行为解决问题、达到目的。

可见，在人类认识世界和改造世界的活动中，不断改善人类生存环境和发展条件这个目的是根本的出发点与归宿，获得信息是实现这个目的的基础和前提，处理信息、提炼知识和制定策略是实现目的的关键与核心，而把策略转换成行为则是解决问题、实现目的的最终手段。 不难明白，认识世界所需要的知识、改造世界所需要的策略以及执行策略的行为是由信息加工分别提炼出来的产物。 于是，确定目的、获得信息、处理信息、提炼知识、制定策略、执行策略、解决问题、实现目的，就自然地成为信息科学技术的基本任务。

这样，信息科学技术的基本内涵就应当包括：①信息的概念和理论；②信息的地位和作用，包括信息资源与物质资源的关系以及信息资源与人类社会的关系；③信息运动的基本规律与原理，包括获得信息、传递信息、处理信息、提炼知识、制定策略、生成行为、解决问题、实现目的的规律和原理；④利用上述规律构造认识世界和改造世界所需要的各种信息工具的原理和方法；⑤信息科学技术特有的方法论。

鉴于信息科学技术在人类认识世界和改造世界活动中所扮演的主导角色，同时鉴于信息资源在人类认识世界和改造世界活动中所处的基础地位，信息科学技术在整个科学技术体系中显然应当处于主导与基础双重地位。信息科学技术与物质科学技术的关系，可以表现为信息科学工具与物质科学工具之间的关系：一方面，信息科学工具与物质科学工具同样都是人类认识世界和改造世界的基本工具；另一方面，信息科学工具又驾驭物质科学工具。

参照信息科学技术的基本内涵，信息科学技术基础教育的内容可以归结为：①信息的基本概念；②信息的基本作用；③信息运动规律的基本概念和可能的实现方法；④构造各种简单信息工具的可能方法；⑤信息工具在日常活动中的典型应用。

（三）

与信息科学技术基础教育内容同样重要甚至更为重要的问题是要研究：怎样才能使中小学生真正喜爱并能够掌握基础信息科学技术？其实，这就是如何认识和实践信息科学技术基础教育的基本规律的问题。

信息科学技术基础教育的基本规律有很丰富的内容，其中有两个重要问题：一是如何理解中小学生的一般认知规律，二是如何理解信息科学技术知识特有的认知规律和相应能力的形成规律。

在人类（包括中小学生）一般的认知规律中，有两个普遍的共识：一是"兴趣决定取舍"，二是"方法决定成败"。前者表明，一个人如果对某种活动有了浓厚的兴趣和好奇心，就会主动、积极地探寻其奥秘；如果没有兴趣，就会放弃或者消极应付。后者表明，即使有了浓厚的兴趣，如果方法不恰当，最终也会导致失败。所以，为了成功地培育人才，激发浓厚的兴趣和启示良好的方法都非常重要。

小学教育处于由学前的非正规、非系统教育转为正规的系统教育的阶段，原则上属于启蒙教育。在这个阶段，调动兴趣和激发好奇心理更加重要。中学教育的基本要求同样是要不断调动学生的学习兴趣和激发他们的好奇心理，但是这一阶段越来越重要的任务是要培养他们的科学思维方法。

与物质科学技术学科相比，信息科学技术学科的特点是比较抽象、比较新颖。因此，信息科学技术的基础教育还要特别重视人类认识活动的另一个重要规律：人们的认识过程通常是由个别上升到一般，由直观上升到抽象，由简单上升到复杂。所以，从个别的、简单的、直观的学习内容开始，经过量变到质变的飞跃和升华，才能掌握一般的、抽象的、复杂的学习内容。其中，亲身实践是实现由直观到抽象过程的良好途径。

综合以上几方面的认知规律，小学的教育应当从个别的、简单的、直观的、实际的、有趣的学习内容开始，循序渐进，由此及彼，由表及里，由浅入深，边做边学，由低年级到高年级，由小学到中学，由初中到高中，逐步向一般的、抽象的、复杂的学习内容过渡。

（四）

我们欣喜地看到，在信息化需求的推动下，信息科学技术的基础教育已在我国众多的中小学校试行多年。感谢全国各中小学校的领导和教师的重视，特别感谢广大一线教师们坚持不懈的努力，克服了各种困难，展开了积极的探索，使我国信息科学技术的基础教育在摸索中不断前进，取得了不少可喜的成绩。

由于信息科学技术本身还在迅速发展，人们对它的认识还在不断深化。由于"重书本"、"重灌输"等传统教育思想和教学方法的影响，学生学习的主动性、积极性尚未得到充分发挥，加上部分学校的教学师资、教学设施和条件还不够充足，教学效果尚不能令人满意。总之，我国信息科学技术基础教育存在不少问题，亟须研究和解决。

针对这种情况，在教育部基础司的领导下，我国从事信息科学技术基础教育与研究的广大教育工作者正在积极探索解决这些问题的有效途径。与此同时，北京、上海、广东、浙江等省市的部分教师也在自下而上地联合起来，共同交流和梳理信息科学技术基础教育的知识体系与知识要点，编写新的教材。所有这些努力，都取得了积极的进展。

《青少年科技创新丛书》是这些努力的一个组成部分，也是这些努力的一个代表性成果。丛书的作者们是一批来自国内外大中学校的教师和教育产品创作者，他们怀着"让学生获得最好教育"的美好理想，本着"实践出兴趣，实践出真知，实践出才干"的清晰信念，利用国内外最新的信息科技资源和工具，精心编撰了这套重在培养学生动手能力与创新技能的丛书，希望为我国信息科学技术基础教育提供可资选用的教材和参考书，同时也为学生的科技活动提供可用的资源、工具和方法，以期激励学生学习信息科学技术的兴趣，启发他们创新的灵感。这套丛书突出体现了让学生动手和"做中学"的教学特点，而且大部分内容都是作者们所在学校开发的课程，经过了教学实践的检验，具有良好的效果。其中，也有引进的国外优秀课程，可以让学生直接接触世界先进的教育资源。

笔者看到，这套丛书给我国信息科学技术基础教育吹进了一股清风，开创了新的思路和风格。但愿这套丛书的出版成为一个号角，希望在它的鼓动下，有更多的志士仁人关注我国的信息科学技术基础教育的改革，提供更多优秀的作品和教学参考书，开创百花齐放、异彩纷呈的局面，为提高我国的信息科学技术基础教育水平作出更多、更好的贡献。

钟义信
2013 年冬于北京

序 （2）

探索的动力来自对所学内容的兴趣，这是古今中外之共识。 正如爱因斯坦所说：一个贪婪的狮子，如果被人们强迫不断进食，也会失去对食物贪婪的本性。 学习本应源于天性，而不是强迫地灌输。 但是，当我们环顾目前教育的现状，却深感沮丧与悲哀：学生太累，压力太大，以至于使他们失去了对周围探索的兴趣。 在很多学生的眼中，已经看不到对学习的渴望，他们无法享受学习带来的乐趣。

在传统的教育方式下，通常由教师设计各种实验让学生进行验证，这种方式与科学发现的过程相违背。 那种从概念、公式、定理以及脱离实际的抽象符号中学习的过程，极易导致学生机械地记忆科学知识，不利于培养学生的科学兴趣、科学精神、科学技能，以及运用科学知识解决实际问题的能力，不能满足学生自身发展的需要和社会发展对创新人才的需求。

美国教育家杜威指出：成年人的认识成果是儿童学习的终点。 儿童学习的起点是经验，"学与做相结合的教育将会取代传授他人学问的被动的教育"。 如何开发学生潜在的创造力，使他们对世界充满好奇心，充满探索的愿望，是每一位教师都应该思考的问题，也是教育可以获得成功的关键。 令人感到欣慰的是，新技术的发展使这一切成为可能。 如今，我们正处在科技日新月异的时代，新产品、新技术不仅改变我们的生活，而且让我们的视野与前人迥然不同。 我们可以有更多的途径接触新的信息、新的材料，同时在工作中也易于获得新的工具和方法，这正是当今时代有别于其他时代的特征。

当今时代，学生获得新知识的来源已经不再局限于书本，他们每天面对大量的信息，这些信息可以来自网络，也可以来自生活的各个方面，如手机、iPad、智能玩具等。 新材料、新工具和新技术已经渗透到学生的生活之中，这也为教育提供了新的机遇与挑战。

将新的材料、工具和方法介绍给学生，不仅可以改变传统的教育内容与教育方式，而且将为学生提供一个实现创新梦想的舞台，教师在教学中可以更好地观察和了解学生的爱好、个性特点，更好地引导他们，更深入地挖掘他们的潜力，使他们具有更为广阔的视野、能力和责任。

本套丛书的作者大多是来自著名大学、著名中学的教师和教育产品的科研人员，他们在多年的实践中积累了丰富的经验，并在教学中形成了相关的课程，共同的理想让我们走到了一起，"让学生获得最好的教育"是我们共同的愿望。

本套丛书可以作为各校选修课程或必修课程的教材，同时也希望借此为学生提供一些科技创新的材料、工具和方法，让学生通过本套丛书获得对科技的兴趣，产生创新与发明的动力。

丛书编委会

2013 年 10 月 8 日

序 （3）

被邀请写这篇序言，我感到很荣幸。

实际上，应该由 Jens Mönig 来写，在编写 BYOB 的过程中，他做了大部分实际工作。 我的工作主要是发现和提出一些 BYOB 还没有的功能，之后我发邮件给 Jens 提出一些我想要的功能，然后他会回邮件说这功能太难实现了，需要很辛苦的工作才能完成。看完他的回复后，我便去睡觉了，但当我早晨醒来的时候，发现他已经开发出了新的功能。 BYOB 又有了新的特点。

这本书证实了我对中国人梦幻般的艺术表现能力的固有看法。 我设计了书中第 4 章图 4-7 的递归树，但书中第 6 章图 6-21 所展示的美丽有趣的递归树的程序，在我看来是永远不会发生在我身上的，这是我最喜欢的。 同样的，我知道的 Koch 雪花，并用它作为我的一次编程练习课，但我从来没有使用过它做出书中第 4 章图 4-29 不可思议的一幕，Alonzo 和一个我不认识的美丽姑娘坐在一个板凳上看程序完成的降雪。 另一个最喜欢的是，第 4 章图 4-3 通过程序让 Alonzo 攀登楼梯的图片。 （当然，我之所以专注于这些美丽的照片，是因为我不会说中国话，我看不懂文字，但我能从不同颜色的程序块中猜测出程序的设计过程，并且很享受这个猜测过程。）

读者还应该看看我们的 BYOB 的新版本，被称为 "snap!"，网址是：http://snap.berkeley.edu/run。 它和本书中用到的 BYOB 3 非常相似，并且我们希望它的运行速度更快、错误更少。 虽然它有一些新的功能，但你在本书中使用到的大部分功能在新版本中都没有改变。

因为我完全没有艺术能力，我尽量让自己的程序美观。 下面是一个例子，使用程序（块）作为其他复杂管理功能块的输入。 看看你是否觉得它好看：

http://snap.berkeley.edu/snapsource/snap.html# present:Username = bh&ProjectName = icecream-visual

很喜欢这本书！

布赖恩·哈维

Brian Harvey

前　言

　　"旧时王谢堂前燕，飞入寻常百姓家。"在研究图形化编程时就有这种感觉，原来属于程序员们玩的编程，通过 Scratch 和 BYOB 等图形化编程工具让普通人经过几个小时的学习也能玩，每个人都可以通过它发挥自己的想象力，用编程的方式去表达自己的内心。这个过程就如同当年 DOS 向 Windows 的转变。正是这种图形化操作窗口的出现，让普通人在计算机面前不再恐惧，计算机作为表达自己的一种工具逐渐开始普及。

　　很早就听说过 Scratch，直到 2011 年，在吴向东老师引导下开始和学生们一起玩 Scratch，很快学生和老师一起被它吸引，许多学生在周末为了编一个程序坐在计算机前几个小时，本书中的很多例子就是和学生一起完成的。在 2012 年，吴俊杰老师知道了 BYOB，立刻又被它吸引住了。在使用 Scratch 1.4 的过程中，学生的一些想法要么无法实现，要么实现起来很麻烦，而当时 BYOB 3.1 已经添加了自建程序块的功能，这也是吸引我的最初原因。通过使用还发现其他改进，觉得用 BYOB 编程有种畅快淋漓的感觉，没有那么多的束缚，所以想编辑成册，与同行分享。

　　本书主要参考了 BYOB 官网（http://byob.berkeley.edu/）提供的材料，同时参考了美国加州大学伯克利分校的 bjc（Beauty and Joy of Computing）课程(http://bjc.berkeley.edu/)。还借鉴了国内早期研究 BYOB 的陈紫凌老师(http://blog.sina.com.cn/s/blog_667a8d3501012iv2.html)的一些观点，在同猫友汇群友的热情交流中也获益颇多。

　　本书由于方军主编并负责全书的统筹协调，具体编写分工如下：张婷婷编写第 1 章，丁伟编写第 2 章，于方军编写第 3~5 章，焦玉海、康成伟和王相滨编写第 6 章。

　　由于编者水平所限，书中难免存在疏漏和不足，恳请广大读者批评指正。

于方军

2014 年 1 月 20 日写于淄博家中

目　录

第1章　BYOB 基础课程——认识 BYOB

BYOB(Build Your Own Blocks)是 Scratch 的一个扩展版,由 Jens Mönig(Enterprise Applications Development,MioSoft Corporation)和 Brian Harvey(University of California at Berkeley,加州大学伯克利分校)在 Scratch 源代码的基础上扩展而成。

Scratch 是 MIT 媒体实验室的终生幼儿园计划项目组开发的一种开源的儿童编程软件,MIT 所有的开发源代码都共享到了网络上,并支持和鼓励使用者对其进行修改和完善。不过为了保护其开发团队的权益和避免承担不必要的责任,MIT 开发团队对 Scratch 的商标权做了规定:重新修改后的程序不得以 Scratch 的 Logo 名字,包括官方使用的默认角色等,一律不可以再重用,相关程序也不能挂放到 Scratch 的官方网站上,但必须注明是基于 Scratch 开发而成。它的全称是 BYOB based on Scratch by MIT,所以我们看到的 Logo 如图 1-1 所示。

图 1-1　Logo

BYOB 对 Scratch 做了进一步改进,实现了真正意义上的面向对象的编程。通过这些改进,用户可以自由地增加不同类型的程序块,并对其进行参数的调用,实现真正意义上的信息传递,而这恰恰是 OOP 的核心思想之一。

1.1　认识 BYOB 的舞台、角色和造型

1. BYOB 的舞台

舞台即是演员(角色)演出的地方,可别小看了它,你的作品终将在这里呈现(见图 1-2 中红色矩形框框出的位置即是 BYOB 的舞台)。

舞台的属性:舞台的属性可以理解为舞台的后台。按照图 1-3 所示,进入舞台属性管理。

按照图 1-3 所示操作后,工作界面如图 1-4 所示,红色框选部分为舞台的属性区。

舞台属性区分别从以下 3 个方面进行管理。

(1)脚本。舞台程序的编写区,可以利用拖拽的方式在此写程序,你给舞台下达的指令都放在这里。

(2)多个背景,如图 1-5 所示。

① 单击"绘图"按钮,打开"绘图编辑器",自己 DIY 一张背景图。

② 单击"导入"按钮,可以导入 BYOB 自带的室内、自然、户外、运动等背景,也可以从本地硬盘中导入事先准备好的背景素材。

图 1-2　BYOB 的工作界面

图 1-3　进入舞台属性管理

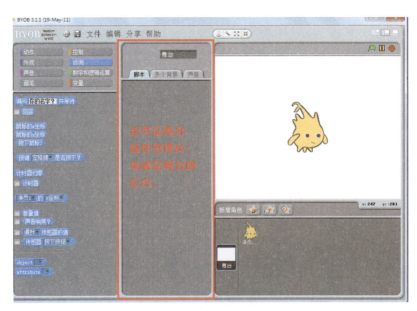

图 1-4　舞台属性管理区

③ 单击"照相"按钮，如果当前计算机的摄像头正对着你，那么你的"玉照"会立刻成为舞台背景。

（3）声音如图 1-6 所示。

图 1-5　背景

图 1-6　添加音效

① 单击"录音"按钮，再单击图 1-7 中的红色圆点，可以录制个性化声音。

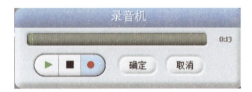

图 1-7　录制声音

② 单击"导入"按钮，导入本地硬盘上的声音或音乐素材，成为舞台背景音乐。

舞台界面说明如下：

（1）舞台右上角。

① 控制按钮。按从左到右的顺序分别为控制程序的播放、暂停和停止，如图 1-8 所示。

图 1-8　舞台控制按钮

② 显示模式。其有如图 1-9 所示的 3 种显示模式。

（2）舞台右下角——鼠标的坐标值,如图 1-10 所示。

图 1-9　显示模式

图 1-10　鼠标坐标值

注：

- 舞台的中心是(0,0),水平为 X 轴,垂直为 Y 轴(见图 1-11)。
- X 轴:中心点往右是(＋),中心点往左是(－)。
- Y 轴:中心点往上是(＋),中心点往下是(－)。

了解到坐标后便知道怎么控制角色在舞台中的位置及移动方向了。

（3）舞台左上角——工具条:按从左到右的顺序,分别用于对舞台上的角色进行复制、删除、放大和缩小,如图 1-12 所示。

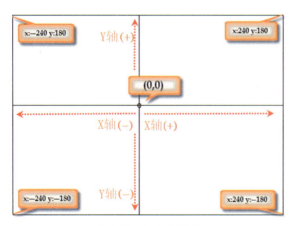

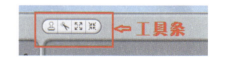

图 1-11　舞台坐标系

图 1-12　舞台工具条

2. BYOB 的角色

角色也可以理解为演员,BYOB 的大明星如图 1-13(a)所示。

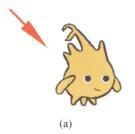

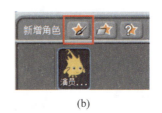

(a)　　　　　　　　　(b)

图 1-13　绘制角色

不过既然你是导演,当然也可以起用几个新人。

(1) 添加新角色的方法。

① 绘制新角色。单击图 1-13(b)中第一个按钮后,进入"绘图编辑器"。方法与绘制舞台背景的方法相似,此处不再赘述。

② 导入新角色。单击第 2 个按钮 ,可以导入 BYOB 提供的"动物"、"人物"、"字母"等角色素材,如图 1-14 所示。

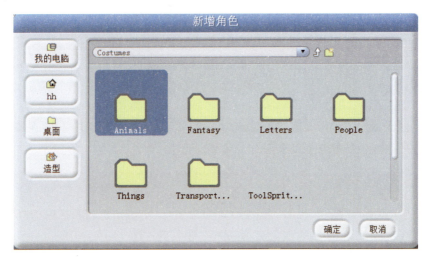

图 1-14　"新增角色"对话框

也可以导入本地硬盘上准备好的其他素材,如图 1-15 所示。

③ 随机新角色。角色太多了。单击第 3 个按钮 ,可随机产生一个令你惊喜的角色。

(2) 角色的属性。

角色的属性可以理解为"演员的资料"。角色列表区也就是演员休息室,所有的演员都在这个地方。

要查看某个角色的属性,单击角色列表区里对应的角色即可。

角色的属性包括脚本、造型和声音(角色的脚本、声音与舞台属性相似,操作方法雷同)。

图 1-15　导入本地硬盘上的素材

3. BYOB 的造型

造型与角色的区别,可以通俗地理解为:造型就是角色(也就是演员)在舞台上摆出的"模样"。因此,一个角色可以有若干个造型。

🎉【新人出镜】

(1)为"5号演员"填写"姓名"资料项(即重命名)。单击角色列表区内的"演员5";双击图 1-16 所示的红色标记区域,将"演员5"更名为"陶女娃"。

(2)为新人"陶女娃""化妆"(即添加新造型)。如图 1-17 所示,单击"造型"→"导入"按钮,选择"陶女 02"后单击"确定"按钮。依照此法,继续导入"陶女 03"。

图 1-16　角色重命名

完成后如图 1-18 所示。

(3)"化妆技巧"(即编辑造型技巧)。单击"复制"按钮,快速创建"陶女 4"造型,如图 1-19 所示。再单击"陶女 4"造型下的"编辑"按钮,进入"绘图编辑器",单击图 1-20 所示的"左右翻转"按钮,可快速进行造型塑造。

尝试单击图 1-20 中的"放大"、"顺时针旋转"、"导入"、"清除"、"撤销"等按钮,体会编辑造型操作。

图 1-17　导入造型

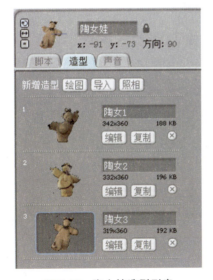

图 1-18　陶女娃造型列表

图 1-19　陶女素材

图 1-20　反转按钮

【拓展训练】

在 BYOB 里，不仅可以体会到当"导演"的乐趣，还可以尝试当"美工"。发挥你的创意，把舞台布置一下吧。舞台设计得到位，我们的"大明星"才能出场。

1.2 淋漓湖游船——认识动作程序指令

BYOB既然被称为一门程序语言，那么最重要的部分当然就是它的程序指令区，图1-21是它的8大类程序指令，每种指令都有属于自己的颜色以示区别，从本节开始，将对它们做一一介绍。

图1-21　BYOB的8大类指令

【初始指令】

单击"动作"按钮后，出现图1-22所示的"动作"指令项。指令像"积木"一样，使用时直接将其拖拽到脚本中即可。指令见名知意，通俗易懂。初识它们后，现在就以"淋漓湖游船"为例来熟练运用它们吧。

【剧情简介】

如图1-23所示，淋漓湖里的小船从出发点经过"移动"、"旋转"、"碰到边缘就反弹"等命令，平滑地到达目的地，然后掉头，最终停靠在岸边。小船的坐标和方向随时在舞台上显示。

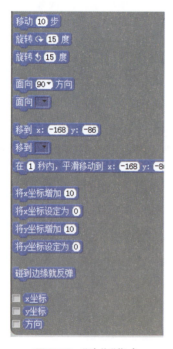

图1-22　"动作"指令

图1-23　"淋漓湖游船"程序界面

【准备道具】

（1）单击（删除）工具，再单击舞台BYOB主角色，将角色删除。

（2）从本地硬盘中选取"淋漓湖风景照片"导入舞台。

（3）借助 Photoshop 等工具处理好"小船"素材，并导入到"角色"。

（4）单击 工具，再单击小船，调整角色为合适的大小。

【编写剧本】

（1）如图 1-24 所示，单击"脚本"，准备为小船输入指令。

（2）如图 1-25 所示，单击"1"处的"控制"按钮，拖拽"2"处的指令放到"3"处，作为小船启动的"开关"。

图 1-24　小船脚本

图 1-25　启动程序

（3）返回"动作"指令区，依次将图 1-26 中标注的"1"、"2"、"3"处指令拖拽到"4"处位置，并更改坐标：x 为 -200，y 为 -80（小船起始点坐标）。

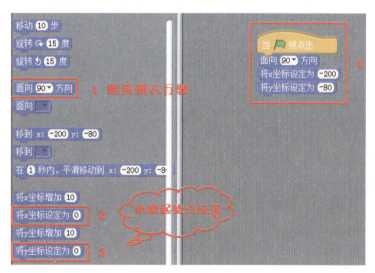

图 1-26　操作步骤图解 1

现在，可以单击舞台右上方的 图标，测试一下，是不是小船停在了起始点。然后思考：如何让小船平滑地移动到岸边？经过观察，发现了这条指令：

![在 1 秒内，平滑移动到 x: -200 y: -8]

（4）为小船的脚本添加图 1-27 所示的指令，使小船的船头在顺时针转过 12°之后，在 3 秒内平滑地移动到岸边。1.1 节中曾介绍过，舞台上 x 轴的最大值是 240，这里故意将 x 轴设为 270，那么小船将划到舞台外面去，所以添加指令"碰到边缘就反弹"，可以使小

船在舞台边缘处掉头。

这里就要用到图1-28所示的红色选框内的按钮,它表示小船只允许左右翻转。

(5)最后,如果想在舞台上显示小船的游走坐标,别忘了要把图1-29所示的复选框选中。

图1-27　为小船脚本添加指令　　　　图1-28　左右翻转　　　　图1-29　显示坐标

【剧情延展】

设想一下,如果脚本按图1-30所示编写,小船会在淋漓湖上怎样游走呢?如果想让小船跟着鼠标游走,应该怎样编写脚本?

图1-30　4个方向键的使用

1.3　陶女娃变身——认识外观程序指令

通过前两节的学习已经知道,要想让舞台上的演员"听话",只需将对应的程序指令像搭积木一样拖拽到脚本区内即可。1.2节介绍的"动作"指令让角色"动"了,而本节要介绍的"外观"指令可以让角色"变化"起来。

【初始指令】

在BYOB工作界面左边的指令区,找到第二项"外观"并单击,便出现如图1-31所示的若干"外观"指令项。

通过浏览会发现,"外观"指令的主要作用是切换造型、背景,显示文字,增加特效等。下面以"陶女娃变身"为例,来熟悉这些指令。

【剧情简介】

如图1-32所示,在博山镇2013年闹元宵锣鼓扮玩比赛中,陶女娃也来凑热闹了,她

图 1-31　"外观"指令

图 1-32　"陶女娃变身"程序界面

除了会踢毽子外,还会"变身"。

【准备道具】

(1) 单击（删除）工具,再单击舞台 BYOB 主角色,将角色删除。

(2) 从本地硬盘中选取"博山办玩.jpeg"导入舞台,作为背景。

(3) 用 Photoshop 处理好"陶女娃"素材并导入到"角色",再将陶女娃的另外两个造型依次导入,导入成功后如图 1-33 所示(导入方法在 1.1 节中已介绍)。

(4) 调整角色的位置和大小。

【编写剧本】

(1) 选中角色列表区的"陶女娃",先将

指令拖拽至陶女娃脚本中,作为启动开关。

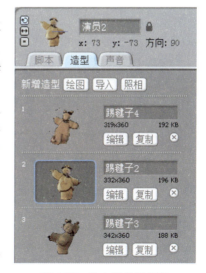

图 1-33　陶女娃造型列表

（2）如图1-34所示，按照图中标注的1、2、3的顺序将指令依次拖拽至脚本区内，注意将"3"处"你好"改为"4"处的文字，并把时间延长为5秒，单击舞台上的绿旗图标，测试一下，会发现陶女娃现在已经会说话了。

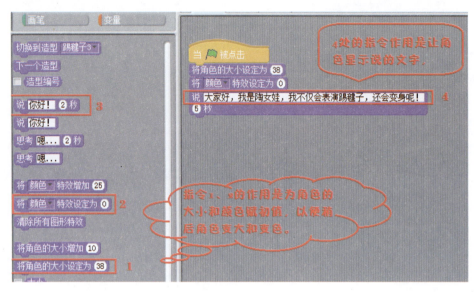

图1-34　操作步骤图解2

（3）为了让陶女娃表演踢毽子特技，需要使用"切换造型"指令，拖拽 切换到造型 踢毽子3 至脚本区，为延长特技时间，让大家看清楚特技，再加入说话内容 说 看我后踢 5 秒，继续切换造型，完成后如图1-35所示。

（4）继续让角色表演变色，需要拖入指令 将 颜色 特效增加 25，增加思考指令，拖入 思考 嗯... 2 秒（注意观察指令"思考"与"说"的舞台效果区别），修改参数值后效果如图1-36和图1-37所示。

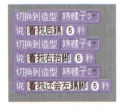

图1-35　指令列表

将 颜色 特效增加 50
思考 我变这个颜色好看吗？ 3 秒

图1-36　脚本区指令1

图1-37　舞台效果1

（5）再让角色变大，脚本和舞台效果如图1-38和图1-39所示。

（6）最后添加脚本 清除所有图形特效，发现陶女娃又恢复了本来面目，但是大小没有改变。至此，陶女娃的闹元宵节目表演结束。

回顾一下，"陶女娃变身"的程序脚本应该如图1-40所示。

图 1-38　脚本区指令 2

图 1-39　舞台效果 2

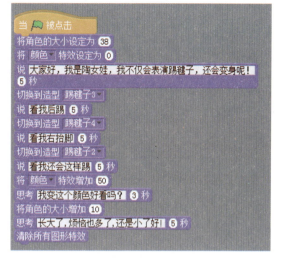

图 1-40　"陶女娃变身"程序脚本

【剧情延展】

思考一下，如果把陶女娃的毽子作为单独的角色导入到舞台，那么陶女娃的踢毽子表演是否可以用到 1.2 节学习的"动作"指令呢？

1.4　庙会锣鼓响起来——认识声音程序指令

下面再隆重推出另一位新人——"小和尚"，他和"陶女娃"一样，都是出自艺术大师杨玉芳之手。

把主角请到我们的 BYOB 工作室里来吧——认识声音程序指令。

【初始指令】

在 BYOB 指令区的第三项便是"声音"指令，单击该项便出现如图 1-41 所示的若干"声音"指令项（枚红色为代表色）。

在"声音"指令里，BYOB 提供了 47 种鼓声和 128 种乐器及声音，甚至还提供了键盘类乐器的音符值。声音指令的主要作用不仅仅是播放声音，更重要的是可以配合控制指令，演奏若干乐器的音效。

换句话说，有了声音指令，"小和尚"不但可以敲锣鼓，而且只要进了 BYOB 的舞台，对于 47 种锣鼓加 128 种乐器可谓"无所不能"了。

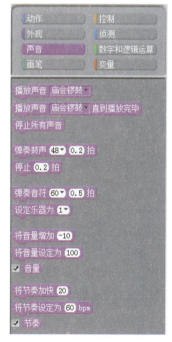

图 1-41　"声音"类指令

【剧情简介】

山头"文姜庙会"可谓远近闻名,杨老师用泥巴捏的"小和尚"也赶来了！单击绿旗后锣鼓声响起,舞台左上角显示小和尚敲击铜锣时的节奏和音量初始值,当"小和尚"被单击时,他手中的铜锣便"咣"地响起,键盘方向键"上"、"下"、"左"、"右"分别控制小和尚手里铜锣的音量大、小,节奏慢、快。"庙会锣鼓响起来"舞台界面如图1-42所示。

【准备道具】

(1)删除BYOB默认的角色。

(2)将"文姜庙会.jpg"导入舞台作为背景。

(3)导入角色"小和尚",并更改角色名为"小和尚"。

(4)为角色"小和尚"导入声音"庙会锣鼓.wav",如图1-43所示。

图1-42 "庙会锣鼓响起来"舞台界面

图1-43 导入声音

【编写剧本】

(1)选中角色列表区的"小和尚",进入小和尚脚本,再将指令 当被点击 拖拽至脚本中,作为启动开关。

(2)如图1-44所示,先将3处红色选框指令拖拽至脚本区,达到播放音乐和设定角色初始值的目的。

(3)将 将音量增加 -10 和 将节奏加快 20 拖拽至脚本,配合控制 当按下 上移键 指令区的指令,完成图1-45所示脚本。

(4)最后将控制指令区的 当 小和尚 被点击 指令和 弹奏鼓声 52 0.2 拍 指令拖拽至指令区。

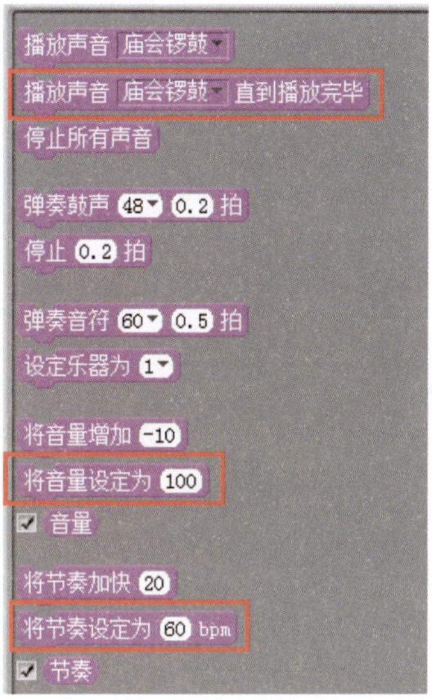

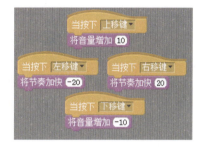

图 1-44　声音指令区

图 1-45　声音指令脚本

（5）单击 弹奏鼓声 52▼ 红色选框里的下拉菜单，出现如图 1-46 所示的锣鼓选择菜单，选择"52 中国铜钹"，也可以根据需要更改后面的节拍，以实现单击角色发出铜锣的敲击声效果。

最终角色脚本区如图 1-47 所示。

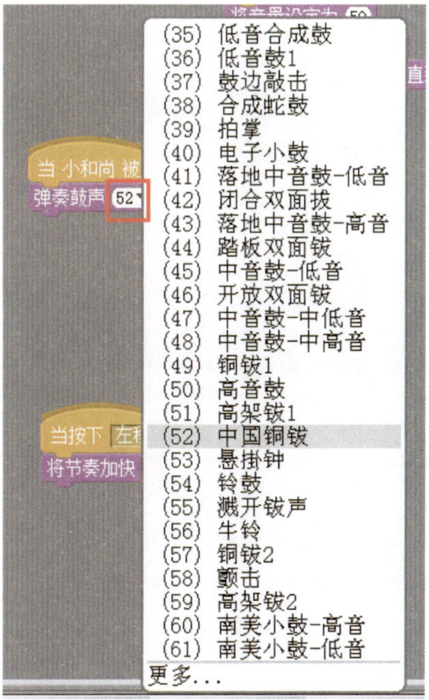

图 1-46　BYOB 内置鼓声列表

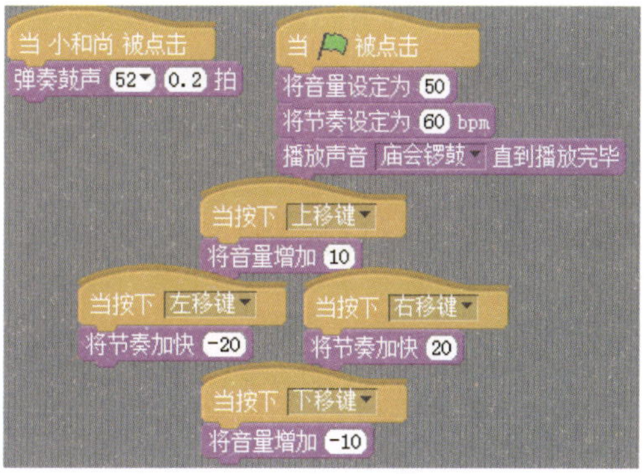

图 1-47　最终角色脚本区指令

【剧情延展】

（1）配合以前学习的"外观"指令，是否可以让"小和尚"在敲击锣鼓时切换造型呢？
（图 1-48 所示素材可能用得上。）

图 1-48　小和尚造型

（2）在图 1-49 所示的红色选框中单击，出现琴键后可以选择合适的音符，配合
设定乐器为 1▾ 指令，可出现图 1-50 所示多种乐器选项，可以选择"钢琴"或者"更多"。

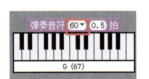

图 1-49　模拟琴键　　　　　　　　图 1-50　多种乐器选项

发挥自己的创意，把更多的角色和乐器搬上 BYOB 的舞台，甚至可以举办一场个人
音乐会。

1.5　小乌龟现形记——认识画笔程序指令

"轻轻地我走了,正如我轻轻地来……"小心!你走的时候,可能已经留下轨迹了。认识画笔程序指令,让角色露出行踪。

【初始指令】

如图 1-51 所示,绿色指令为画笔指令。画笔指令是8类指令里最少的,却也是最有趣的。画笔指令可以分为下笔、笔颜色、笔色度、笔大小及图章。

画笔指令一般不单独使用,使用时必须配合其他指令,最常搭配使用的是"动作"指令。

下面以"小乌龟的行动轨迹"为例,初步认识并学会使用画笔指令。

【剧情简介】

杨老师塑造的两位陶女郎正在对弈,来了一位不速之客——小乌龟。它悄悄地从一旁溜过,却被监控录像拍了下来。瞧!连运动轨迹也暴露无遗。

图 1-51　画笔类指令

【准备道具】

(1)单击 ✎(删除)工具后再单击舞台 BYOB 主角色,将角色删除。

(2)对杨老师的"对弈"陶艺作品进行拍照,并将其导入到舞台。

(3)将 PS 后的素材"小乌龟.jpeg"导入到角色。

【编写剧本】

(1)选中角色列表区的"小乌龟",为角色编写脚本。

(2)拖拽控制指令"当绿旗被单击"至脚本中,作为启动开关。

(3)如图 1-52 所示,将 1、2、3、4、5 处指令拖拽至脚本,并更改相应参数。

(4)从动作指令中,选择指令"移动 80 步"拖拽至脚本,单击绿旗测试效果,如图 1-53 所示,出现蓝色线条并盖印图章。

(5)添加颜色变化指令到脚本区中,如图 1-54 所示,作用是将画笔颜色增加 10(角色在 100 步之内,每移动一步颜色就增加 1 的效果,如图 1-55 所示)。

(6)添加色度变化指令到脚本区中,如图 1-56 所示,作用是将画笔色度增加 20(角色在 100 步之内,每移动一步色度就增加 1 的效果,如图 1-57 所示)。

(7)添加大小变化指令到脚本区中,如图 1-58 所示,作用是将画笔大小增加 5(角色在 100 步之内,每移动一步大小就增加 1 的效果,如图 1-59 所示)。

图 1-52 操作步骤图解 3

图 1-53 行动轨迹

图 1-54 改变颜色值

图 1-55 颜色渐增效果

图 1-56 改变色度值

图 1-57 色度渐增效果

图 1-58 改变画笔大小

图 1-59 画笔大小渐增的效果

（8）添加停笔指令到脚本中，如图 1-60 所示，效果是不出现轨迹。

（9）添加"清除所有画笔"指令，如图 1-61 所示，配合"控制"指令，达到按下空格键即清除舞台上所有画笔的作用。

图 1-60 停笔

图 1-61 清除画笔

最终效果如图 1-62 所示。

图 1-62　舞台效果 3

角色脚本区指令如图 1-63 所示。

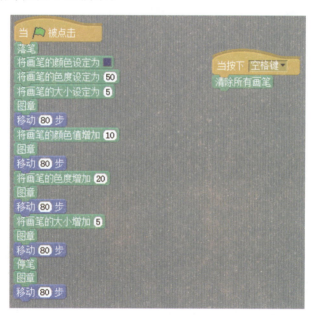

图 1-63　角色脚本区指令

🔅【剧情延展】

（1）小乌龟悄悄走过的轨迹被发现之后，陶女郎做何反应呢？运用前面学过的其他指令，把故事补充完整。

（2）通过前 4 种程序指令的学习，应该可以编写简单的顺序结构程序了。有什么新故事要表述吗？快来 BYOB 的舞台上尽情展示吧！

1.6 小乌龟爱搞怪——认识控制程序指令

1.5 节的画笔指令玩得不过瘾吧,小乌龟也这样觉得,你瞧,一不留神,它已经跑到如月湖公园门口画起画来……就让我们跟着这只爱搞怪的小乌龟来认识一下传说中的控制指令吧!

【初始指令】

如图 1-64 所示,控制指令区是所有程序指令区里指令最多的,黄色为代表色。为了便于认识,根据用途把它们分为 3 组,分别介绍如下。

1.循环指令
循环指令如图 1-65 和图 1-66 所示。

2.路径决策指令
路径决策指令如图 1-67 所示。

图 1-64 控制类指令

图 1-65 条件循环

图 1-66 无条件循环

图 1-67 路径决策指令

3.其他指令

其他指令如图 1-68 至图 1-71 所示。

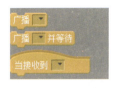

图 1-68　"当"指令　　图 1-69　"广播"指令　　图 1-70　"停止"指令　　图 1-71　程序块指令

借助下面的实例来学习除程序块组以外的所有控制指令。程序块为包含变量或链表的脚本,我们将在后面进行详细学习。

【剧情简介】

两位陶女郎在如月湖门口对弈,小乌龟出来捣乱,一边翻滚着一边画画,还正好碰到了从右边走来的奉茶女。一看撞了人,小乌龟喊:"不好,快隐身!"奉茶女随即"啊呀!"一惊,退后 10 步,幸好茶没洒,继续向前走到陶女郎(右)身边,听见陶女郎说话:"该走哪步棋好呢?"程序结束。舞台效果如图 1-72 所示。

图 1-72　舞台效果 4

【准备道具】

将"如月湖.jpg"导入到舞台,作为背景。

(1)对杨玉芳老师的"对弈"、"奉茶女"陶艺作品进行 PS 去背景处理,并将其分别导入为角色 1、2。

(2)将 PS 后的素材"小乌龟.jpeg"导入为角色 3。

【编写剧本】

1. 奉茶女脚本

（1）定义奉茶女的出场位置和方向，如图1-73所示。

（2）奉茶女出场后一直向前走，直到碰到陶女郎为止，所以使用条件循环指令，如图1-74所示（借助侦测指令 碰到 陶女郎 ）。

（3）在重复执行向前走的过程中，使用路径决策指令，如果碰到小乌龟，要说"啊呀"并后退20步，如图1-75所示。（广播指令的作用是给所有角色下通知。）

图1-73　位置和方向

图1-74　条件循环指令1

图1-75　广播指令

2. 小乌龟脚本

（1）先是小乌龟出场后连滚带爬地画五彩圆圈，结合前面学习的知识，先拖拽如图1-76所示指令，定义小乌龟的出场位置和画笔初始值。

（2）使用计数循环指令，达到画一个近似圆形的图案，如图1-77所示，循环体内部指令要执行24次。执行"等待0.01秒"的目的是让速度变缓。

（3）画完一个圈后，执行图1-78所示指令，目的是向前走15步。"等待0.02秒"让速度变慢，"画笔颜色增加30"让小乌龟画的圈可以变个颜色。

图1-76　小乌龟出场

图1-77　计数循环指令

图1-78　画圈指令

（4）最后用图1-79所示条件循环指令将（2）、（3）两步的指令嵌套起来，并将侦测指令区中 碰到颜色 拖拽至循环指令的参数上，最后用吸管工具吸取地上的颜色。目的是让小乌龟在地上时可以重复执行（2）、（3）两步，从而实现连滚带爬画五彩圆圈的目的。

（5）另外，当小乌龟接到通知"啊呀！"，执行图1-80所示指令。

图1-79　条件循环指令2

图1-80　小乌龟隐身

3. 陶女郎脚本

指令如图 1-81 所示，也使用了路径决策指令。

思考图 1-82 所示两条路径决策指令的区别。

图 1-81　路径决策指令

图 1-82　不同的路径决策指令

【剧情延展】

如果讲故事只按故事的发展顺序讲，势必不够吸引人，但如果用倒叙或插叙的方式，把故事的关键内容提出来先讲，故留悬念，效果自然会更好。编程和讲故事一样，如果只有顺序结构当然是不够的，通过"控制"指令，还可以把程序用"循环"或"分支"的结构表达出来。那么现在，就用刚学的这些"控制"指令，来导演一个专属于自己的故事吧！

1.7　一起来玩捉迷藏——认识侦测程序指令

通过 1.6 节奉茶女在碰到小乌龟和陶女郎时，能够迅速作出反应，便知道"侦测"指令功不可没。下面将通过一个简单的小游戏，来详细认识它们。

【初始指令】

如图 1-83 所示，蓝色为侦测指令的颜色。通过观察可以发现，侦测指令可以在碰到角色或颜色时进行判断；也可以问问题，并在文本框内回答；还可以侦测鼠标的特征以及是否按下了某个键；引入了计时器；侦测某个对象的位置……另外它还可以配合硬件使用、判断传感器的情况等。

侦测指令常常作为分支结构的判断点，顺序结构的程序常从侦测指令这里自动分支，开始走向分支结构。

关于配合硬件传感器的部分将在后面的章节中作专题研究，今天先来看看侦测指令的基本用法。

【剧情简介】

游戏一开始，3 个主角——陶女郎、小和尚、陶女娃，站在三岔路口，陶女郎问："我们来玩捉迷藏的游戏好不好？"回答："好。"开始游戏，由陶女郎来找，另外两名躲藏。如果陶女郎走向左边道路碰到了电线杆，切换左面道路场景，找到小和尚；如

图 1-83　侦测指令

果是右边,找到陶女娃。另外,找到陶女娃和小和尚后,他们两个会表演变戏法,通过判断左、右移动键是否按下,让两位主角通过侦测鼠标坐标进行变化,进一步对侦测指令加以练习。舞台效果如图1-84所示。

【准备道具】

(1)将"街道三岔路.jpg"导入到舞台,作为背景,并将左、右两条道路的场景图导入背景,完成后如图1-85所示。

图1-84 舞台效果5

图1-85 舞台背景列表

(2)导入3位主角,即"陶女郎"、"小和尚"、"陶女娃"。

(3)导入"电线杆.jpg"作为角色,并复制,放在左、右两条路口的合适位置。

【编写剧本】

1.陶女郎脚本

(1)定义陶女郎的出场位置,并设置出场询问的问题,如图1-86所示。

(2)用侦测指令使程序进入分支,如果回答"好",那么执行图1-87所示指令,说话并发布广播,使计时器归零。

图1-86 陶女郎出场位置

图1-87 进入分支

(3)在循环指令中用侦测指令使程序结构继续分支,如图1-88所示。

面向鼠标移动2步的目的是使角色随鼠标移动;"计时器">15这里借用了"数字和逻辑运算"指令,判断是否超时;分支2、3都是侦测是否碰到了"角色"(即左、右两根电线杆);分支 4 侦测是否碰到了深褐色(即路两边"土"的颜色),如果碰到,则立即返回初始位置。

　　用循环指令嵌套的目的是使角色不断地侦测和判断。

　　(4)第一次分支时,如果没有回答"好",那么程序执行如图 1-89 所示指令。

图 1-88　继续分支

图 1-89　没有回答"好"指令

2. 小和尚脚本

　　(1)绿旗被单击,在文本框内输入"好",和陶女郎碰到陶女娃时的脚本分别如图 1-90 至图 1-92 所示。

图 1-90　当单击绿旗时

图 1-91　输入"好"时

图 1-92　陶女郎碰到陶女娃时

　　(2)当陶女郎碰到小和尚时,如图 1-93 所示,用侦测指令"按键左移键是否按下"作

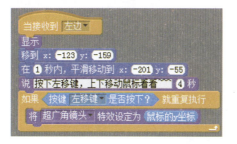

图 1-93　陶女郎碰到小和尚指令

为判断点,如果按下,就重复执行侦测指令"鼠标 y 的坐标"作为超广角镜头。

陶女娃脚本如图 1-94 所示,与小和尚同理。

左电线杆脚本如图 1-95 所示。

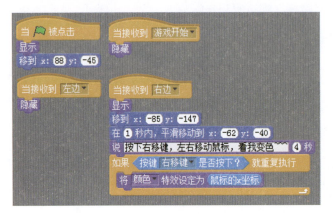

图 1-94　陶女娃脚本

图 1-95　左电线杆脚本

右电线杆脚本如图 1-96 所示。

舞台脚本如图 1-97 所示。

图 1-96　右电线杆脚本

图 1-97　舞台脚本

【剧情延展】

侦测指令像不像十字路口的交通警察?程序走到这里的时候,通常要询问侦测指令,通过它,你或者向前,或者拐弯,或者"路边停车"……而"计时器"正好可以作为"红绿灯"的等待时间。不如试着编写一个有关十字路口的程序,发挥自己的想象力,自己设计情节,自己找演员,当一回彻彻底底的大导演。

1.8　小神童速算表演——认识数字和逻辑运算程序指令

我们知道,"神童"一分钟能做几百道多位数的加减运算,但不是人人都能当的,那不只靠努力,还需要有天赋。没有天赋,当不了"神童"怎么办?没关系!可以在 BYOB 的舞台上用运算指令编写"神童程序",速度要多快,有多快。

🎵【初始指令】

数字与逻辑运算指令的颜色标志是绿色的，如图 1-98 所示。最常用的数学运算有加减乘除运算、大小判断、求余数、取整数，此外，还有逻辑运算，如判断命题真假、与、或等。另外，字符串的连接也是常用且实用的。

📜【剧情简介】

开始，"小神童"站在杨玉芳大师馆的楼梯上，说让我们猜墙上挂件后面的数字。边说边走下楼梯，坐在最下面等你猜。最后一个挂件后面的数字是"6"，如果猜错了会提示你猜大了或小了，直到猜对了为止。然后小神童随机移动到右面，开始速算表演，让你随便输入一个数字，他便马上回答出这个数字和"6"进行加、减、乘、除计算的结果，如图 1-99 所示。

图 1-98　数字与逻辑运算类指令

图 1-99　程序舞台效果 1

【准备道具】

（1）将"杨玉芳艺术大师馆.jpg"导入到舞台，作为背景。

（2）导入3位角色，即"小神童"、"数字6"、"问号?"。

（3）为"小神童"添加另外两个造型。

【编写剧本】

小神童脚本如下：

（1）定义陶女郎的出场造型和位置，介绍游戏内容，广播"猜数字"后设置询问问题，等待回答，如图1-100所示。

（2）先使用条件循环指令嵌套分支语句（见图1-101），判断回答是否正确，如果正确发出"猜对了"的广播，然后使用侦测指令的询问语句，要求输入一个数字进行运算表演。

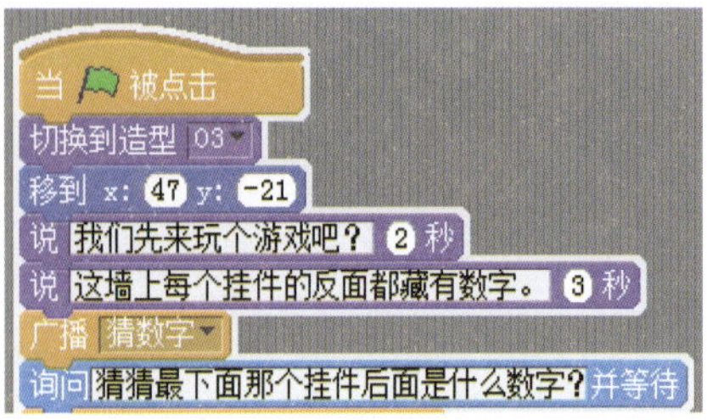

图 1-100　陶女郎初始设置

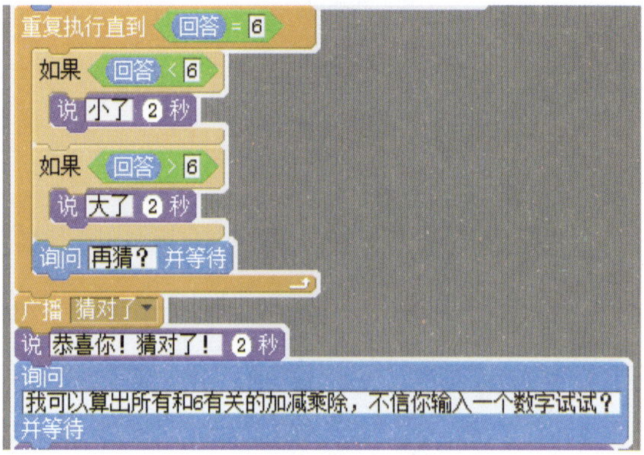

图 1-101　循环嵌套分支语句

（3）如图1-102所示，小神童说出数学表达式并计算出结果。

图 1-102　说出数学表达式并计算结果

这里要多次用到指令 将你好_加入到世界的后面，这条指令其实是把"你好_"加到了"世界"的前面，实现的是"你好_世界"。程序步骤如图1-103至图1-107所示。

① 将 回答 拖拽至第一个文本框，将 将你好_加入到世界的后面 拖拽至第二个文本框，如图1-103所示；完成后如图1-104所示。

图 1-103　添加数学表达式 1

图 1-104　完成后的界面 1

② 将"你好_"改为"＋",再拖拽 将 你好_ 加入到 世界 的后面 至"世界"文本框,如图 1-105 所示,完成后如图 1-106 所示。

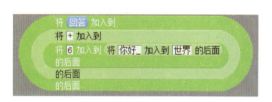

图 1-105　添加数学表达式 2

图 1-106　完成后的界面 2

③ 将"你好_"改为"6",再拖拽 将 你好_ 加入到 世界 的后面 至"世界"文本框,完成后如图 1-107 所示。

④ 将"你好_"改为"＝",再拖拽 ○＋○ 至"世界"文本框,完成后如图 1-108 所示。

图 1-107　完成后的界面 3

图 1-108　完成后的界面 4

⑤ 将 回答 拖入图 1-108 中 ○＋○ 指令的第一个圆圈中,将"6"填到第二个圆圈中。

⑥ 把上述完成的运算指令拖拽至 你好! 2秒 的第一个文本框中,把"2 秒"改为"3 秒",至此,说出加法运算指令编写完毕。

(4)同步骤(3),将减、乘、除的运算指令也通过"说"指令说出来(注:可以将步骤 3 的指令复制,然后改写运算符号即可)。最后,加入 说 怎么样?佩服我吧! 2秒 指令。

(5)编写"当接收到猜数字"广播时的指令,如图 1-109 所示。

(6)编写"当接收到猜对了"广播时的指令,如图 1-110 所示。

图 1-109　猜数字广播指令

图 1-110　猜对了广播指令

数字"6"脚本如图 1-111 所示。

问号"?"脚本如图 1-112 所示。

图 1-111　　数字"6"脚本

【剧情延展】

数字和逻辑运算指令可不仅仅是计算加减乘除的,看到如图 1-113 所示的指令了吗? 三角函数等也不在话下,能利用这条指令,把小神童"培养"得再"神"一点吗? 试试看!

图 1-112　　问号"?"脚本　　　　　　　图 1-113　　数字和逻辑运算指令

1.9　陶艺馆里购物——认识变量程序指令

变量,顾名思义,就是变化的量,它为我们写程序提供了很多便利。

学过《代数》的同学都知道,对于未知的数可以设 X 或 Y 等来表示。那么,对于变化的数呢? 是不是也可以用符号来表示呢? 当然可以! 在 BYOB 里,可以用任何符号来表示变量,比如用字母"a"、用数字"1"、用汉字"你好"、用标点符号"。"等都可以。

下面就通过一个小实例来揭开它们的神秘面纱吧!

【初始指令】

变量指令组的标志颜色为橙色。从图 1-114 可以看出,指令组分两大类,即变量类和链表类。

变量类主要有新建变量、为变量赋初值、变量加减、显示/隐藏变量等。

链表类主要有新建链表、在链表中加入内容、删除内容、替换内容等。链表更像是"表单",它可以记录变量的数据变化过程,可以出示某个记录表等。

📜 **【剧情简介】**

话说淄博陶瓷越来越被认可，慕名到淄博来买陶瓷的人更是熙熙攘攘。陶瓷馆里可选的商品太多，结账有点麻烦，赶快用 BYOB 编写一个结账小程序吧！

如图 1-115 所示，以选购杨玉芳大师的 4 件陶仕女作品为例，先出现商品报价单，顾客根据需要单击喜欢的商品后，随即在右下角列出购物清单，并计算出应付的总金额。

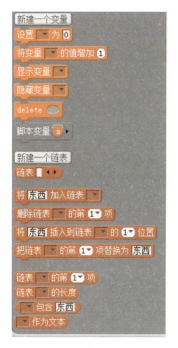

图 1-114　变量类指令

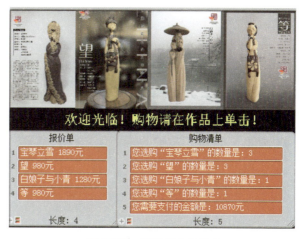

图 1-115　程序舞台效果 2

🔺 **【准备道具】**

（1）将舞台背景设为黑色。

（2）导入 4 件陶仕女作品作为角色。

（3）添加到图 1-116 中间"欢迎光临"文字为角色。完成后如图 1-116 所示。

图 1-116　角色列表

✒️ **【编写剧本】**

1. 舞台脚本

（1）单击变量指令区的 ，在随后弹出的对话框中输入第一个变量名 1，如图 1-117 所示。

（2）重复步骤（1），继续新建变量 2、3、4 和"总价"（变量 1、2、3、4 分别表示 4 件陶作品的购买数量，变量"总价"表示最后的付款金额）。

（3）程序一开始先为新建的变量赋初值为"0"，如图 1-118 所示。

图 1-117　新建变量对话框

图 1-118　初始变量

（4）单击变量指令区的 新建一个链表 ，在随后弹出的对话框中输入第一个链表名"报价单"。

（5）同步骤（4），新建第二个链表——"购物清单"。

（6）编写图 1-119 所示指令，清空链表数据。

图 1-119　清空链表数据

（7）编写"报价单"链表指令，如图 1-120 和图 1-121 所示。

图 1-120　程序指令

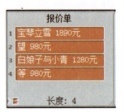

图 1-121　舞台效果 6

（8）编写"购物清单"链表指令，如图 1-122 和图 1-123 所示。

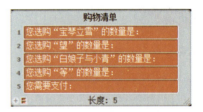

图 1-122　链表指令

图 1-123　舞台效果 7

2.作品"宝琴立雪"脚本

（1）使用变量值增加指令修改变量值，当被单击时，变量"1"（购买数量）增加 1，变量"总价"（应付总额）增加 1890 元，如图 1-124 所示。

（2）使用链表内容替换指令，将购买数量和应付总额加入"购物清单"，如图 1-125 所示。

图 1-124　变量增加指令

图 1-125　替换列表指令

同理，编写其他 3 件作品脚本。

作品"望"脚本如图 1-126 所示。

作品"白娘子与小青"脚本如图 1-127 所示。

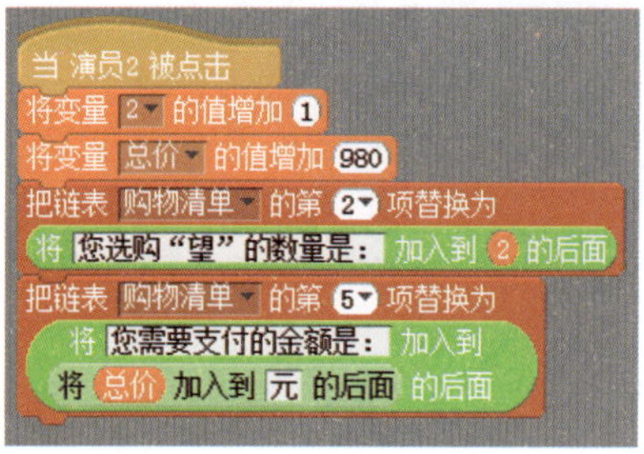

图 1-126　作品"望"脚本

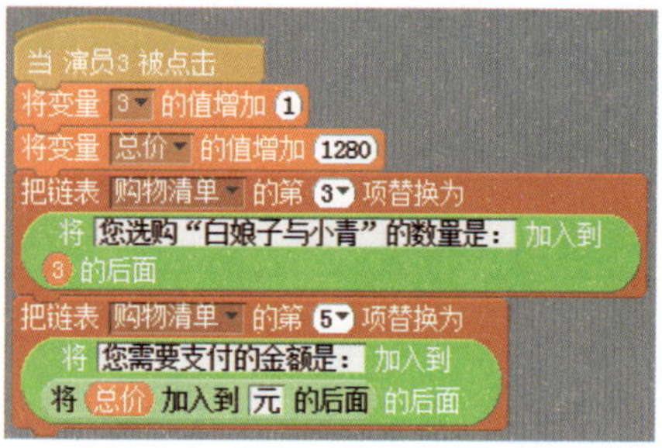

图 1-127　"白娘子与小青"脚本

作品"等"脚本如图 1-128 所示。

"欢迎光临"文字脚本如图 1-129 所示。

图 1-128　作品"等"脚本

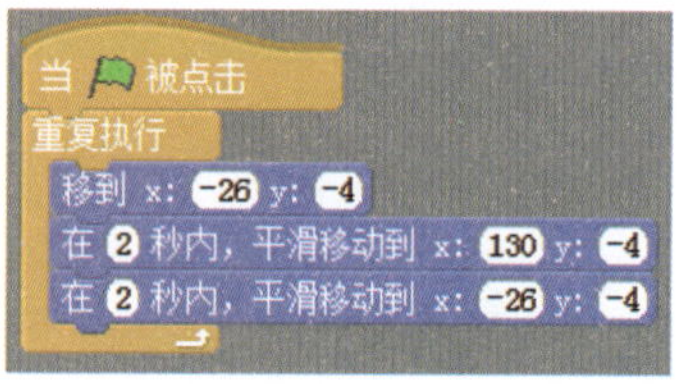

图 1-129　"欢迎光临"文字脚本

【剧情延展】

对于刚才的"购物清单"程序，你有什么建议和看法呢？有没有想要补充的？比如，顾客想取消购买某件商品，如何实现呢？开动脑筋，你才会发现更棒的自己哦！

【写在后面的话】

BYOB 是个大舞台，舞台上可以尽情地发挥想象力和才艺，希望通过这 8 个小程序实例，能够让你理解并喜欢上它。

第 2 章　进阶节程——认识程序的结构

通过前一阶段的学习,已经熟悉了 BYOB 游戏设计的运行环境,掌握了 BYOB 的基本功能控件。本章将重点了解游戏程序编写的基本结构。掌握 3 种基本的程序结构,为能够编写出有趣、华丽的游戏打好坚实的基础。

2.1　走进美丽的博山——顺序结构

【剧情简介】

大家都很熟悉自己的家乡吧？下面请大家一起来设计一个介绍自己家乡的有趣小游戏(见图 2-1)。

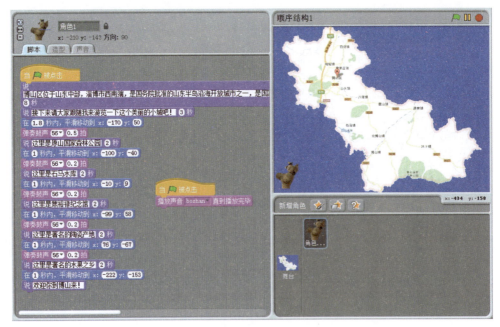

图 2-1　游戏界面

在这个游戏中,通过导游博贝在地图上的移动来介绍自己家乡的风土人情,在游戏运行过程中是按照脚本窗口中各个控件的指令由上往下依次执行的。

【准备道具】

（1）依次单击窗口右下方的"舞台"，单击窗口中部的"多个背景"按钮，再单击"导入"按钮，如图 2-2 所示。

图 2-2　导入背景步骤 1

（2）在"导入背景"对话框中选择合适的背景图片导入，如图 2-3 所示。

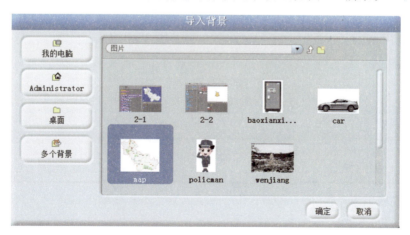

图 2-3　导入背景图片

（3）单击"剪切" 工具，然后在原来的背景和角色上分别单击，将原来的背景和角色删除掉，如图 2-4 所示。

（4）单击"新增角色"，选择一个合适的角色导入到舞台，角色的大小可以通过"缩放"

图 2-4　删除背景和角色

工具来改变,也可以通过单击角色中的"造型"按钮来对角色进行编辑,如图 2-5 所示。

图 2-5　角色的编辑

【编写剧本】

单击"角色",再单击"脚本"按钮,接下来针对角色编写其脚本,如图 2-6 所示。

(1)当绿旗被单击。

(2)外观模块中"说……秒",说的内容要与所给的时间相匹配,要让读者能在所给的时间内看完要说的内容。

(3)动作模块中"在……秒内,平滑移动到 x: y: ",可以将角色移动到目标位置读出其坐标,然后将坐标值写入对应的 x、y 文本框中。此外,角色的移动时间也要与移动距离相吻合。

图 2-6　角色的脚本编写

（4）声音模块中"弹奏鼓声……拍"，在框内输入相应的数值。

（5）依次将要介绍的景点添加到脚本窗口中。

（6）为了使游戏更具感染力，还可以再添加一个绿旗，给游戏加上一个合适的背景音乐。

　　游戏在运行的过程中会按照预先设计好的脚本顺序，由上到下依次执行每一条命令，直到程序结束。

【剧情延展】

　　对主角博贝导游还不是很熟悉吧，能不能用今天所学的知识帮助博贝做一个自我介绍的小程序呢？

2.2　保守我们的秘密——分支结构

【剧情简介】

　　上一节小导游博贝把我们带到了美丽的博山，在那里品尝美食、欣赏美景、购买特色产品。在买东西的时候，博贝突然想起了一个问题要特别提醒一下同学们，那就是一定要保护好自己的银行卡密码。如果密码输入正确，就会进入相关的下一步操作，否则就会被拒之门外啦！那么计算机是怎么判断密码的正确与否呢？本节就来学习是怎样用 BYOB 编写密码验证小程序，如图 2-7 所示。

　　当单击绿旗时，舞台上会出现"你的密码是？"并等待回答，如果输入正确的密码则显示"恭喜你回答正确"，否则显示"抱歉，密码错误"。在这个程序中，角色会根据情况选择

图 2-7 密码验证界面

"如果"或者"否则"中的语句来执行,而且只执行其中的一个。

【准备道具】

(1)首先导入一张自己喜欢的背景图片,如图 2-8 所示。

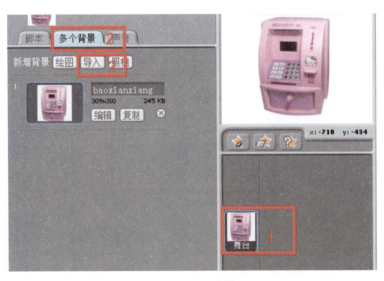

图 2-8 导入背景

(2)增加一个合适的角色,如图 2-9 所示。

【编写剧本】

(1)单击这个角色,选择"控制"里面的"当绿旗被单击"。

(2)单击"侦测"出现"询问……并等待",程序运行到此处时会在舞台上出现一个矩形框,等待用户输入内容,如图 2-10 所示。

图 2-9　增加角色

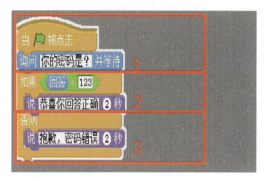

图 2-10　程序执行示意图

① 之后出现"控制"→"如果……否则……"。

② "如果"后面的空白处选择"数字和逻辑运算"中的"…＝…",这里面的内容就是我们所设置的密码,如果输入的密码正确程序就执行"如果"下面的语句,如果输入的密码错误就执行"否则"下面的语句。

③ 等号的左边是"侦测",即"回答",等号的右边填写你想设置的密码值,"回答"前面的方格里如果打上"√"会是什么结果呢? 试一试吧!

④ 分别填写"如果"和"否则"下面的语句,即"外观"→"说……秒"。

程序的执行情况:如果输入的密码正确程序执行第 1 部分和第 2 部分语句,否则执行第 1 部分和第 3 部分语句,第 2、3 部分是不可能同时执行的。

【剧情延展 1】

博山的天气可谓说变就变啊,所以出门以前最好先上网查一下当天的天气预报。可是天气预报里面有时是小雨,有时是大雨,有时还会有大暴雨,究竟这些雨的大小是怎么来划分的呢? 接下来,就来学习一个预测雨量的小程序(见图 2-11)。

当"绿旗被单击时"舞台上会出现"今天的降水量是(　)mm"并等待输入数值,程序会根据降水量的不同自动判断降雨的级别。降水量的判定级别:小雨＜9.9mm;9.9mm≤中雨＜24.9mm;24.9mm≤大雨＜49.9mm;暴雨≥49.9mm。

(1)首先导入合适的背景和角色。

(2)单击角色,"单击绿旗开始"。

(3)选择"侦测"然后"询问……并等待",在这里输入降水量的多少。

(4)选择"控制"然后"如果……","如果"后面的"数字和逻辑运算"用来判断输入的降水量与雨量级别。

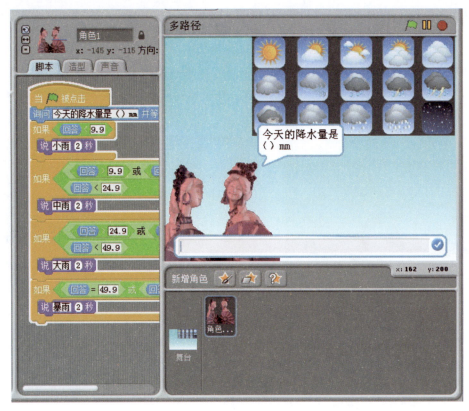

图 2-11　雨量预测界面

在这个程序中连续用了多个"如果"语句,在运行过程中程序会根据输入的条件,有选择性地执行其中的一个。

【剧情延展 2】

博贝今天要去交电费了,电力公司的收费标准是不超过 100 度,每度按 0.55 元收费;超过 100 度的部分,加倍收费。请帮助电力公司编写一个计算电费的程序。

2.3　事半功倍的窍门——循环结构

【剧情简介】

今天来到了博山的标志性建筑之一——文姜广场,这里的美景吸引了许多人来散步。本节就来做一个人物散步的小例子,当单击绿旗时,剑客就在广场上来回散步,如图 2-12 所示。

【准备道具】

(1)首先导入一张自己喜欢的背景图,如图 2-13 所示。

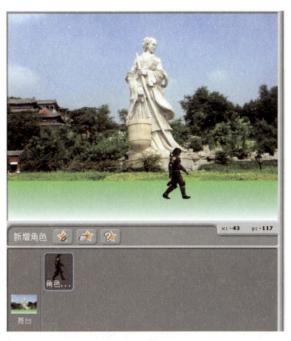

图 2-12　剑客散步舞台效果

图 2-13　导入背景步骤 2

　　(2) 选择角色。这一次选择一个有连续动作的人物图片,可以看到人物的脚步有分解动作,如图 2-14 所示。

　　(3) 切换到造型,依次将 5 张图片导入(见图 2-15),导入后的造型如图 2-16 所示。

图 2-14 选择角色

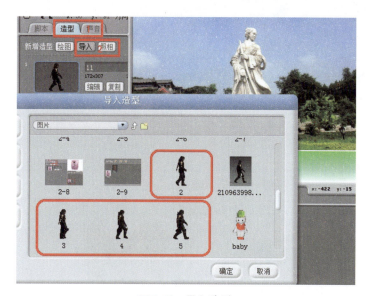

图 2-15 导入造型

图 2-16 导入造型效果

✒【编写剧本】

编写程序时,注意要调节好人物的移动速度,这里设置为移动 3 步、等待 0.2 秒再切换到下一个造型。具体的参数,可以自己调一调、试一试(见图 2-17)。

这样做好程序后,单击绿旗,就会发现剑客走了一小段距离后就停下来了,这是因为程序已经从头到尾执行过一遍,怎样才能让剑客一直不停地走呢? 这就需要用到一个新的控制命令——"重复执行"。

通过使用"重复执行"命令,剑客就能一直走下去了。需要注意,人物"碰到边缘就反弹",还要通过单击 ↔ 按钮限制人物"只允许左右翻转"(见图 2-18)。

在上述脚本的编写过程中,同学们应该注意到用"重复执行"的方便之处了,它的作用就是让在这一范围之内的脚本代码反复执行。在用相同脚本代码时,使用"重复执行"命

图 2-17　剑客散步脚本

令可以起到事半功倍的效果。

　　如果真正了解了"重复执行"的作用,那么请再仔细观察一下图 2-18,看看能不能再把这个代码简化一下呢? 如图 2-19 所示,是不是这样会更好?

图 2-18　剑客脚本截图

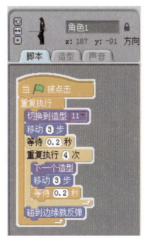

图 2-19　简化脚本

【剧情延展 1】

通过上面介绍的重复执行语句,很轻易地就让小人开始散步了。在休闲之余,博贝想考一考大家,计算从1加到100以内的某个数,即 $S=1+2+3+\cdots+i$,其中 i 是100以内的任意自然数,于是它设计了如图2-20所示的这个程序。

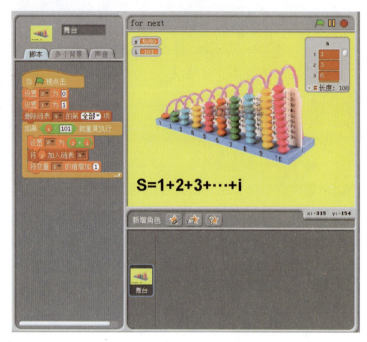

图 2-20 累加器舞台效果

可以看到,在这个程序中并没有使用任何角色,只是用了一个舞台背景,而程序的命令也是写在舞台的脚本里的。在这里用 S 这个变量来存储1加到100以内的任意一个自然数的和,舞台中的 S 值是从1加到100所有自然数的和;用变量 i 来表示这个任意的自然数,舞台中的 i 值表示程序将 i 的值累加到了101;链表 a 里面则是存放的从1加到100的每一次运算结果,总共运算了100次。

（1）选择合适的背景图片。

（2）单击"舞台"→"脚本"→"当绿旗被单击"。

（3）依次单击"变量"→"新建一个变量",分别建立变量 S 和 i,如图2-21所示。

（4）仿照步骤(3)建立一个链表 a。

（5）在变量 ☑s ☑i 和链表 ☑a 前面分别打上"√",让它们在舞台上显示。

（6）单击"变量"按钮,并设置变量 S 为0,这里 S 为0表示计算时从0开始。

（7）单击"变量"按钮,并设置变量 i 为1,这里 i 为1表示计算时从1开始累加。

（8）单击"变量"按钮,并删除链表 a 的全部项,即每运行一次程序都将链表清空。

（9）单击"控制"按钮,并填写"如果……就重复执行",即如果满足里面的条件程序就反复执行,直到不满足条件时,跳出这个循环。

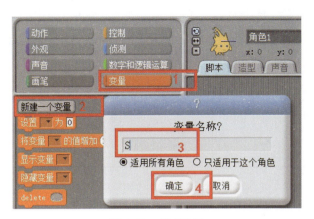

图 2-21　新建变量

（10）单击"数字和逻辑运算"按钮，完成"…＜…"，因为这里要累加 100 个自然数，所以把变量 i 的值设置为＜101，即 i 值≥101 时跳出这个循环。

（11）单击"变量"按钮，设置 S 为 $s+i$，即将累加的结果保存在变量 S 中，每执行一次循环，将 i 的值累加到变量 S 中。

（12）"将 S 装入链表 a"，即将每一次累加后的结果在链表 a 中显示。

（13）"将变量 i 的值增加 1"，可实现从 1 到 100 逐个自然数的累加。

【剧情延展 2】

博贝从今年开始决定为"希望工程"捐款啦！具体的捐款计划为：1 月份存入 1 元钱，2 月份存入 2 元钱，3 月份存入 3 元钱……，以此类推，请帮助它编写程序，计算它在 5 年内将为"希望工程"捐多少钱？

2.4　四则运算器——程序的结构化设计

【剧情简介】

通过前面 3 节内容的学习，已经知道用 BYOB 解决实际问题即设计程序时，首先要明确需要解决的问题是什么，已知条件和数据有哪些，如何获得这些数据。然后才能确定解决问题的方法和策略，即如何选择适当的程序结构，如何检验所实现的程序是否符合设计目标的各项要求。之后才能进一步考虑使用各个功能模块进行编程，把上述思想和设计转化为程序。根据以上所述，程序设计的一般过程可以分为问题分析、算法界面设计、代码编写、测试与调试几个步骤。

【准备道具】

下面根据程序设计的步骤来设计一个四则运算器，感受一下程序设计的一般过程。

需要完成的任务（见图 2-22）：①设计一个四则运算器，能够计算两个两位数以内的加、减、乘、除法，并且判断给出的答案是否正确；②每组题目由 10 个题组成，随机抽取

图 2-22　四则运算器舞台效果

加、减、乘、除中的任何一个计算方法。

问题分析如下：

这个程序要求设计的运算器能随机计算加、减、乘、除法，数据的范围是两位数以内，能判断答案的正确与否。

算法与界面设计如下：

算法就是解决问题的方法和步骤，对于一个问题，具体有很多种算法可供选择。但有的算法执行的步骤多，有的算法执行的步骤相对较少（如 2.3 节的例子）。因此为了有效地进行解题，不仅要保证算法正确，还要考虑算法的质量。

这里计算两个数，首先需要分别建立两个变量 a、b 来存储这两个数；还需要有一个用来存放计算结果的地方，这里使用的是"侦测"里面的"回答"来存放和判断结果的对错。既然有对错，那很自然地就会想到用分支结构来解决。此外，对应四则运算，首先把这 4 种情况存入链表 1 中，然后通过变量 c 来随机从链表 1 中选择一个运算法则，每一个运算法则都对应相同的运算步骤和验证方法。在做除法运算时，为了保证能够整除，还需要再引进一个变量 d，事先将被除数变为除数 b 的倍数。

【编写剧本】

（1）选择并导入合适的背景。

（2）分别建立 3 个不同的角色，如图 2-23 所示。

图 2-23　建立不同角色

（3）选择头像这个角色，编写其脚本。

（4）"单击绿旗开始"，然后分别建立 a、b、c、d 4 个变量，并且显示变量 a、b。

（5）分别设置 a、b、c 3 个变量初值为 0，如图 2-24 所示。

（6）选择"×"这个角色，并分别建立"＋"、"－"、"×"、"÷"4 个造型，如图 2-25 所示。

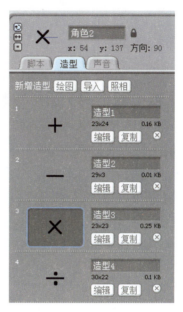

图 2-24　设置变量初值

图 2-25　建立造型

（7）编写"×"这个角色的脚本，首先建立链表"1"，然后编写如图 2-26 所示的脚本。

图 2-26　乘法的脚本

（8）返回"角色1"，编写乘法和除法的脚本，如图2-27所示。

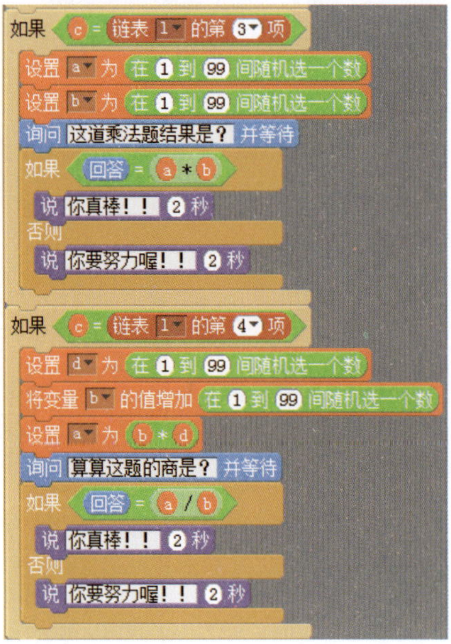

图2-27　乘除法脚本

（9）仿照乘法的脚本编写加法和减法。

（10）最后让这4种运算重复执行10次。

测试与调试：终于把程序编写好了，所写的程序到底能不能满足最初的设计要求呢？单击绿旗运行，如果在某一步发现错误，必须找到错误并改正以后再开始上述过程，直至得到正确的结果为止。

第 3 章　BYOB 的自建程序块

　　"新建程序块"是 BYOB 对 Scratch 的改进,Scratch 2.0 中也有"新建程序块",通过"新建程序块"可以实现子程序的调用。但 Scratch 2.0 的新建程序模块,从类型到功能都不如 BYOB 强大。

　　单击"变量"程序块,设在底部的是一个标有"新建程序块"的按钮,如图 3-1 所示。单击此按钮,将显示一个对话框,如图 3-2 所示,在其中可选择新建程序块的类型,输入新建程序块的名称。新建程序块的默认状态是"适用所有角色",还可以选择"只适用于这个角色"选项。

图 3-1　"变量"程序块

图 3-2　"新建程序块"对话框

　　💡 **注意**:还可以进入脚本区域右击或按住 Ctrl 键单击,在弹出的快捷菜单中选择"新建程序块"命令。

一般情况下,每种颜色代表一类块,如所有的运动块都是蓝色的。但"变量"却包含3种颜色,橙色的是和变量相关的块;红色的是和列表相关的块。还有一个"其他"选项,所建的"变量"程序块不属于其他任何类别。

从大的方面讲共有3类自建块样式,这一点和Scratch相同。

第一类是无返回值的拼图状的命令块(command)。

第二类是椭圆形的带返回值的"报告"(reporter)块。

第三类是六边形的"谓词"(predicate)块,是一种只返回布尔值(真或假)的块。

3.1　画一个正方形——认识新建命令类程序模块

【剧情简介】

通过前面的学习,已经学会了画笔指令和运动指令的配合,可以让角色在"行动"时留下"痕迹"。但如果逐条编写指令让角色画出复杂的图形,就需要编写大量指令,造成程序的繁杂,本节用《BYOB用户手册》中提供的一个经典程序——"贝博画正方形"的例子,来完成程序块的自建,可以实现程序块的重复调用。

【准备道具】

画一个固定大小的正方形,需要以"zhengfangxing"为名(由于BYOB对中文支持还存在问题,在这里自建程序块命名用汉语拼音)绘制一个正方形块,需要选择运动块命令,并输入"zhengfangxing"的名称字段。单击"确定"按钮后进入块编辑器。自建程序块的过程和在脚本区域中创建脚本类似,只是标有自建程序块名称的"起始"块在最上面,图3-3是自建程序块的界面。

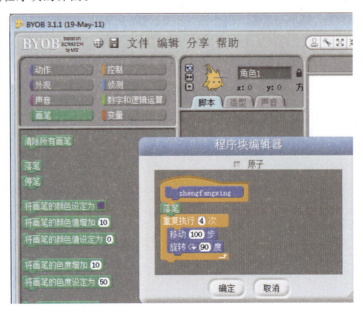

图 3-3　自建程序块界面

自建程序块会在动作块的底部出现,如图 3-4 所示。

自建"zhengfangxing"程序模块,可以作为其他程序的一个子程序。通过本例的学习,掌握自建程序块的基本方法,体会自建程序块的特点和用途。

图 3-4　自建程序块出现在底部

✒️ 【编写剧本】

画一个指定大小的正方形。

如果想画不同大小的正方形应该如何操作呢?继续对前面的自建程序块进行编辑,如图 3-5 所示。右击自建程序块名,在弹出的快捷菜单中选择"编辑"命令,打开块编辑器。

将鼠标悬停在块编辑器中的"zhengfangxing"的起始块上,会看到两个带"+"圆圈标志出现在它旁边,如图 3-6 所示。

图 3-5　编辑自建程序块

图 3-6　出现圆圈标志

单击右边带"+"圆,会弹出"创建输入名"对话框,如图 3-7 所示。

输入名称"chicun",并单击"确定"按钮(在此对话框中还有一个选项"标题文本",用来给自建程序块取名的,如果想给自建程序块取个合适的名字,可以添加到这里)。出现的"chicun"实际上是一个变量,拖动这个变量到 移动 100 步 的"100"位置,如图 3-8 所示。

图 3-7　"创建输入名"对话框

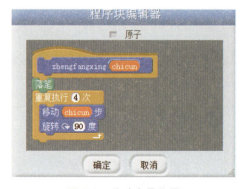

图 3-8　移动变量位置

单击"确定"按钮后,自建程序块变为图 3-9 所示带输入框的自建程序框。

在图 3-10 所示的程序中调用"zhengfangxing"程序块,可以画不同大小的正方形。

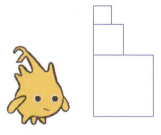

图 3-9　带输入框的自建程序框　　　　　　图 3-10　绘制正方形

注意：在程序块编辑器的顶部有一个"原子"复选框（见图 3-11），选中该复选框后的优点是可使脚本的运行速度更快。缺点是如果脚本绘制的是图片、动作等，用户不会看到发生的各个步骤，而是在经过稍长的停顿之后看到全貌。默认情况下是新建报告块时该复选框被选中，命令块不选中。

图 3-11　选中"原子"复选框

【剧情延展】

根据上面的例子尝试编写完成下列正多边形程序。

正三角形

正五边形

正六边形

⋮

正 N 边形

3.2　选择最大值——认识新建报告类程序模块

【剧情简介】

本节通过新建一个选取两个数中最大值的程序块，介绍 BYOB"新建程序块"中第二个大类，即报告程序块。

【准备道具】

单击"新建程序块"，单击第二个大类圆形的"报告人"按钮，如图 3-12 所示。因为是比较大小，所以单击绿色的"数字和逻辑运算"按钮。本自建程序块只返回两个输入数的最大值。可以使用"%x"、"%y"的方式快捷输入变量 x、y。

【编写剧本】

在比较的 x、y 两个数中选择哪个更大，需要用到"如果/否则"（if/else）块来实现，如

图 3-12　新建程序块"报告人"

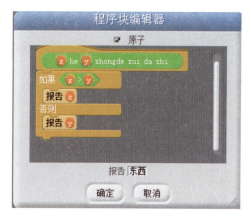

图 3-13　"返回最大值"程序块

图 3-13 所示。

　　单击"确定"按钮后，添加"数字和逻辑运算"中的自建程序块，如图 3-14 所示。输入"3"、"4"，单击此块显示"4"。

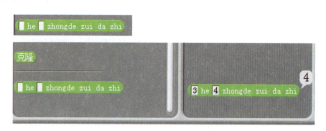

图 3-14　添加"数字和逻辑运算"

　　但当输入文字 mao、gou 时，依然能输出（见图 3-15），这不是所想要的。我们只想比较两个数字的大小，这又该如何设置呢？

　　可以对变量 x 的输入类型做一下设置，使其为"数字"型，如图 3-16 所示。默认为"任意格式"。选中"数字"单选按钮即可。如果需要设置初始值，则在默认值位置输入即可。

图 3-15　输入文字也能比较

　　设置完成后如图 3-17 所示。

　　输入为原型框，只能输入数字，不能输入文本。

【拓展训练】

　　（1）在本节学习基础上设计一个 3 个数中取最大值的程序块。

　　（2）设计一个三输入的加法运算□+□+□，只接受数字输入。

　　（3）建一个块，名为"两个最小的总和"，需要输入 3 个数字，返回值是其中最小两个数字的和，如图 3-18 所示。

图 3-16　设置变量为"数字"型

图 3-17　设置完成后的效果

图 3-18　返回最小两个数字的和

3.3　给出"是/否"的判断——认识新建谓词类程序模块

【剧情简介】

"谓词"是一种返回关系运算结果的程序块,它的返回值只有"true/false"两种情况,相当于高级语言编程里面的布尔值。

【准备道具】

设计图 3-19 所示的判断"大于等于"(＞＝)的程序块。

图 3-19　判断程序块

单击"新建程序块"按钮,选择第 3 个大类六边形的"谓词"块。因为是比较大小,所以单击绿色的"数字和逻辑运算"按钮。本自建程序块只返回两个数字的比较结果。

在比较 a、b 两个数中选择哪个更大。需要两次用到"如果/否则"(if/else)块来实现。

【编写剧本】

创建一个新的谓词块，如果第一个数字是在两个数字之间，该块应该返回真

is ⬡ between ⬡ and ⬡ ? ，如图 3-20 所示。

图 3-20 "在……之间"程序块

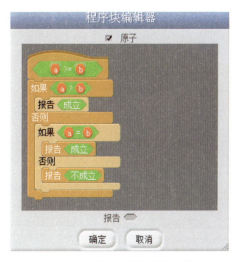

图 3-21 "大于或等于"程序块

【剧情延展】

用图 3-21 方式编辑图 3-22 的"大于或等于"程序块，看看效果是否相同。

图 3-22 "大于或等于"程序块（编辑方式）

3.4 BYOB 新建程序模块输入类型介绍

【剧情简介】

最新的 Scratch 2.0 新建程序块输入有 4 种类型：文本标签、数字类型、字符串和布尔型，如图 3-23 所示。

BYOB的新建程序块在类别上要比 Scratch 2.0 多,在块的设计上主要针对脚本,建好新建块后其整个脚本的所有角色都能调用,而 Scratch 2.0 的新建程序块只针对角色。下面具体介绍 BYOB 新建程序块。

图 3-23　新建程序块输入类型

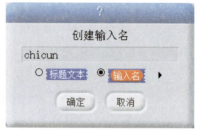

图 3-24　创建输入名

【准备道具】

在"创建输入名"对话框的"输入名"后有一个向右的箭头(见图 3-24),单击后是输入名选项,如图 3-25 所示。

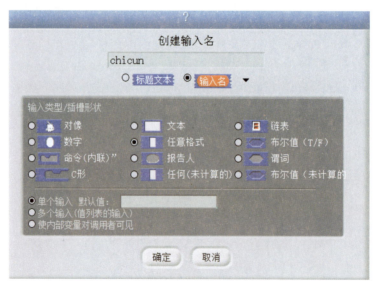

图 3-25　输入名选项

其中有 12 种输入类型和 3 种只能单选的类别。如果不选择别的,默认类型是"任意格式" ⊙ 任意格式 类型。也就是说,输入框可以接受任何类型的输入值。

输入类型的配置是系统设置的。由于图片上的下一个页面显示,类型的每一行是一个类别,每一列的各部分形成一个类别,如图 3-26 所示。了解有关安排会使得找到想要

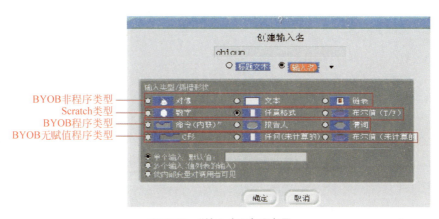

图 3-26　"输入名"选项布局

的类型更容易一些。

第一行包含非程序的新 BYOB 类型："对象"、"文本"、"列表"。

第二行输入类型是和 Scratch 通用的："数字"、"任意格式"、"布尔型"。

第三行是：拼图形状的命令块，椭圆形的报告块，六角形为谓词（谓词是一个报告块，总是报告 true 或 false）。除命令类型不报告值外，其他的类型都报告值。因此，椭圆形报告块可以包含任何类型，而和六角形谓词相关的数据类型是布尔型（真或假）。

第四行是：无计算值的程序类型。如"C 形"命令输入类型，因为命令不报告值。但是后面会看到，它是非常有用的。

【编写剧本】

下面将通过多个脚本小案例的编写，了解图 3-25 中最下面的三个单选项。

（1）"单个输入"选项。在 Scratch 里所有的输入都属于这一类。有一个输入框，输入的类型不限，可以是数字或文字，在后面的输入框中可以指定一个默认值，这个默认值会显示在程序块中，如 移动 10 步 中的"10"就是默认值。在画正方形的例子中如果默认值设置为 10，则如图 3-27 所示。

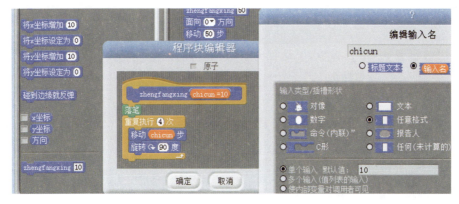

图 3-27　默认值设为"10"

（2）"多个输入"选项，如图3-28所示。选中此单选按钮，可以实现以列表的形式接受多个输入，通过单击新建块的 `input ◄►` 箭头符号，可以增加或减少输入框的数量。输入的内容会被收入到一个列表中，如图3-29所示。

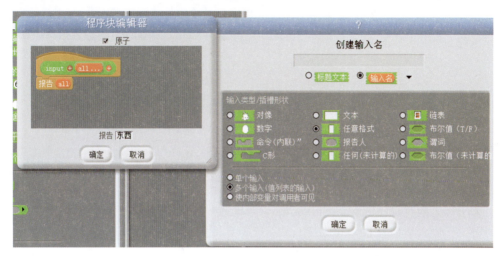

图3-28　选中"多个输入"单选按钮

图3-29　输入的内容被收入列表中

而块编辑器中的橙色输入插槽 `all...` 框中的省略号(...)表示具有多个输入。

（3）"使内部变量对调用者可见"选项：并不是一个真正的输入，而是一个从块到它的用户输出端口。在块中显示为一橙色椭圆形的变量，带有向上箭头变量名，表示这种变量名可以在调用它的程序中输入名称，如图3-30中的变量i，通过添加一个"action"C形命令实现一个计数循环。通过单击的橙色i，用户可以改变脚本中所看到的变量名称（虽然名字块的定义里并没有改变）。这种类型的变量称为"upvar"，因为使用它可以将变量从自定义块向上传递到脚本。

图3-30　使内部变量对调用者可见

Start 的设置方法如图3-31所示。

Action 的设置方法如图3-32所示。

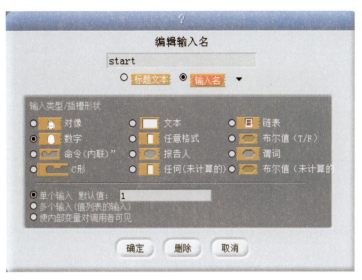

图 3-31　Start 的设置方法

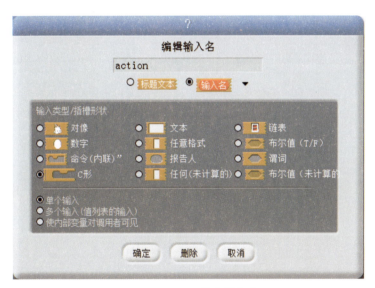

图 3-32　Action 的设置方法

在上面的例子中,"输入名"为(action),类型选择为"C 形" ，会在自建块中形成一个 C 形程序块。BYOB 如何运行 C 形槽里的命令呢?下面通过一个简单的计数循环块设计进行说明,如图 3-33 所示。

判断起始值 start 和结束值 end 的关系,如果符合条件则退出,否则重复执行 action。

图 3-33　计数循环块示例

3.5　新建程序模块的实际应用（一）

通过新建程序块可以实现子程序的调用。对于本节学习，可以通过用 BYOB 改进原来用 Scratch 设计的程序再用 BYOB 加以改进重新设计来体会。

本节的例子是编辑一个格斗类游戏，这个游戏最初是用 Scratch 1.4 编写成的，本节用 BYOB 加以优化，用程序块把冗长的程序简化，并通过程序块实现程序的重复调用。

1. 小勇士的脚本设计

【初始指令】

图 3-34 所示为用 Scratch 1.4 设计的小勇士的动作脚本，程序比较冗长，可以用

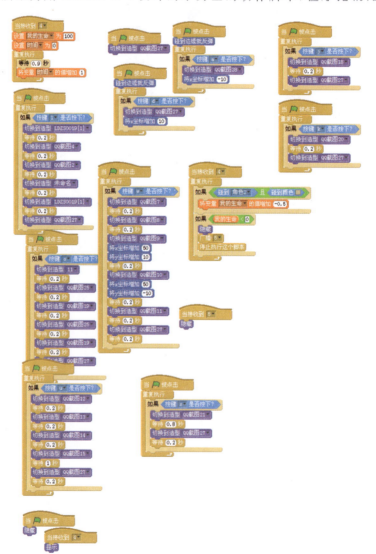

图 3-34　Scratch 1.4 设计脚本

BYOB 程序块的方法，把控制"小勇士"动作的程序做成块，然后在主程序中调用。

【剧情简介】

"小勇士智斗恶犬"游戏。

游戏操作比较简单：用 W（跳跃）、A（往左移）、S（蹲下）、D（往右移）键控制小勇士移动；用 I（左踢）、J（左拳）、K（右踢）、L（右拳）键控制攻击动作。

按下攻击动作键与角色恶犬接触时，都可使恶犬减少生命值，最后当恶犬生命值小于零时游戏胜利。如果不按攻击动作键，接触时，小勇士的生命值会降低。如果小勇士生命值小于零，则游戏失败。

【准备道具】

（1）可以将自己需要的素材，单独存放在 byob 根目录下的\Media\Costumes\中，如本教材用到的素材都放到了 zibo 文件夹里。

（2）每个键所控制动作及用到的素材，都用该键名加数字构成，如 L（气功拳）键用 L1、L2、L3、L4 命名。如图 3-35 所示。

图 3-35　气功拳动作分解图片

（3）一个动作实际是由一系列图片素材顺次播出来完成。

（4）注意动作的连贯性和一致性。

【编写剧本】

（1）导入角色后，依次导入造型 L1、L2、L3、L4，如图 3-36 所示。

（2）选择"变量"中的"新建程序块"，选择"分类"中的"动作"类别，输入名称"L 键动作"，选中"只适用于这个角色"单选按钮，单击"确定"按钮，如图 3-37 所示。

（3）为保持动作的连贯性，设计了两个准备动作，即 zb1.gif（向右方攻击准备动作）和 zb2.gif（向左方攻击准备动作）。从 zb1 开始，依次播放 L1～L4，然后以 zb1 结束，如图 3-38 所示。单击"确定"按钮，完成新建程序块的编辑。

现在，可以测试一下，在"动作"指令下方出现了一个 L键动作 的自建模块，双击该自建模块，可以看到小勇士攻击动作完成。

图 3-36　气功拳动作导入

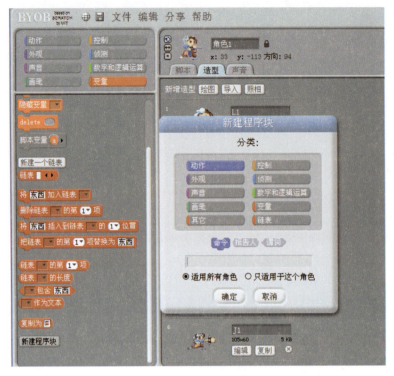

图 3-37　新建程序块

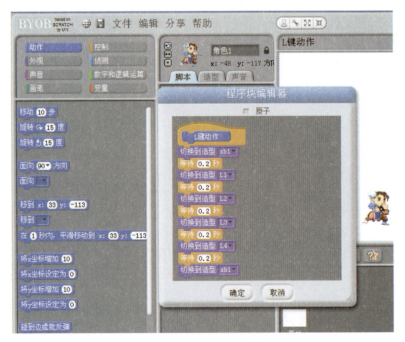

图 3-38　L 键动作程序块

（4）A 键动作为向左移动，程序脚本设计如图 3-39 所示。以此类推，可以完成其他键的新建程序块。感兴趣的同学还可以设计上"隐身"、"缩放"等其他功能。

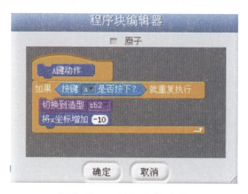

图 3-39　A 键程序块动作

（5）为小勇士的脚本添加图 3-40 所示的指令，那么当按下键盘上的 L 键时，就能完成 L 键的动作，程序变得简洁，并且可以实现随时调用而不用重写。

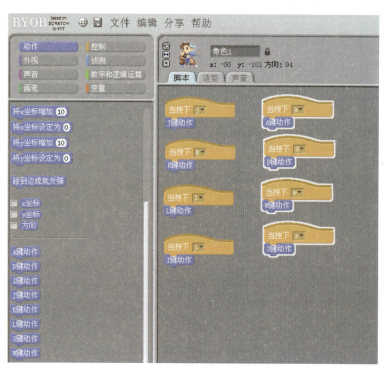

图 3-40　所有按键完成后脚本

【剧情延展】

（1）设想一下，如果移动用"上"、"下"、"左"、"右"键控制，该如何编写脚本？

（2）如果再给小勇士增加"隐身"动作（用 H 键控制），应该怎样编写脚本？

2. "恶犬"脚本的设计

为了使"恶犬"这个角色有动感,增加游戏的可玩性,设计恶犬始终追着小勇士,出现在舞台的任意位置。

【初始指令】

通过一个 GIF 动画分解得到狗跑动的 3 张图片,用 Photoshop 将其处理为 png 格式的图片 gou1~gou3,然后用这 3 张图片,配合狗叫声(gou4.wav)完成"狗跑"的程序。

【剧情简介】

小勇士和恶犬同处舞台上,恶犬可以在舞台任意位置跑动出现。如果小勇士发动攻击(按下相应的键),当小勇士和恶犬接触时,恶犬会因受到攻击而回到舞台中间。

【准备道具】

(1)添加角色"恶犬",依次导入 gou1.png、gou2.png、gou3.png 图片。
(2)从本地硬盘中导入狗叫声"gou4.wav"。
(3)设置狗的运动方向是"面向 小勇士"移动。

图 3-41　恶犬脚本

【编写剧本】

(1)从 gou1~gou3 的造型切换,实现了狗的跑动动作。
(2)播放声音 gou4.wav,实现跑动过程中伴随狗叫声。
(3)设置狗的运动方向是"面向 小勇士"移动,实现狗始终追着小勇士跑的效果,如图 3-41 所示。
(4)脚本还没有最终完成,还要在后面的设计中加入变量,记录狗的生命值的变化。

【剧情延展】

思考一下,本节只为小勇士设计了 4 种攻击技能,发挥自己的想象力可以为小勇士设计更多技能。恶犬的动作只是随着小勇士的攻击而出现,这是人机游戏的特点,随着学习的深入,可以开发基于网络的互动格斗游戏。

3.6　新建程序模块的实际应用(二)

既然是格斗游戏,就要分出胜负,本游戏的判分规则是:小勇士和恶犬接触如果没有攻击,小勇士的"生命值"扣 0.5 分;如果小勇士有攻击动作,根据攻击动作不同,恶犬"生命值"扣 2~3 分不等。

涉及生命值的变化,需要用到变量。本程序新建了 3 个变量,即"小勇士的生命值"、"时间"、"狗的生命值",如图 3-42 所示。

【初始指令】

如图 3-43 所示,当程序开始时,首先对小勇士和狗进行初始化,生命值都设为 100,小勇士的位置在舞台左边,狗在舞台右边。对变量和数据进行初始化设计,是一种良好的编程习惯。

图 3-42　新建的 3 个变量

图 3-43　初始化设置

【剧情简介】

如图 3-44 所示,小勇士和狗的生命值谁先达到 0 谁输。同处舞台上,恶犬可以在舞台任意位置跑动出现,如果小勇士发动攻击(按下相应的键),当小勇士和恶犬接触时,恶犬会因受到攻击而回到舞台中间,同时狗的生命值会减小。

图 3-44　计分计时设置

【准备道具】

(1) 添加 3 个变量即"小勇士的生命值"、"时间"、"狗的生命值"。

(2) 为了使生命值的变化更直观,右击,并在弹出的快捷菜单中选择"滑杆"命令如图 3-45 所示。

(3) 设置小勇士和狗的初始位置分别在舞台左右两边。

(4) 添加"失败"、"胜利"两个角色,如图 3-46 所示。

图 3-45　滑杆设置

图 3-46　添加"失败"和"胜利"两个角色

【编写剧本】

(1) 选择变量。新建"小勇士的生命值"变量,选择小勇士的角色,对小勇士的生命值进行初始化,设置为100。

(2)选择变量。新建"狗的生命值"变量,选择狗的角色,对狗的生命值进行初始化,设置为100。

(3)选择变量。新建"时间"变量,统计程序运行时间。

(4)设置扣分机制。小勇士只要碰到角色狗,生命值就会减少0.5,如果同时采取攻击动作,狗的生命值会随着攻击动作不同而减少2~3。

(5)胜负判断机制。如果狗的生命值首先达到0,则游戏胜利;如果小勇士的生命值首先达到0,则显示游戏失败,如图3-47所示。

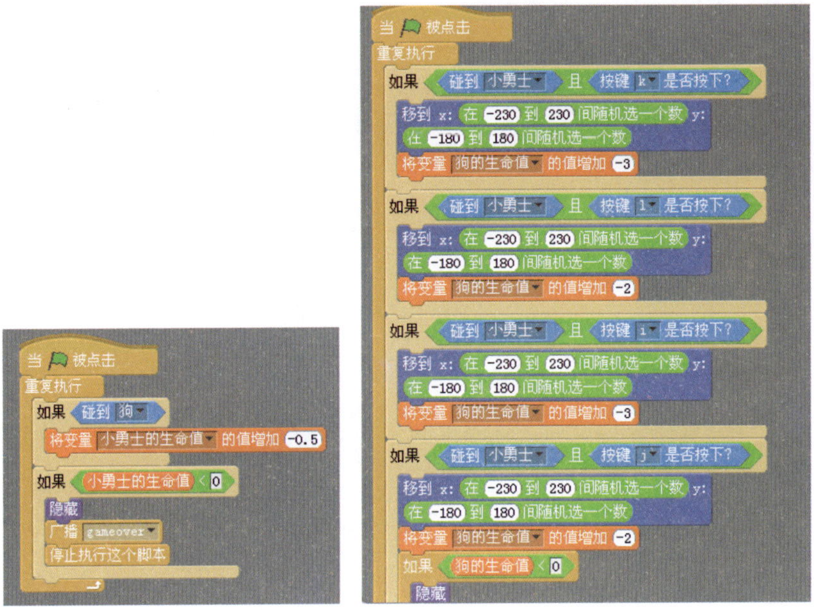

图3-47　脚本设置

【剧情延展】

思考一下,完成了主体程序设计,游戏就可以运行了,为了使游戏界面更加美观,可以根据前面学过的知识,给程序运行添加一个背景,设计相应的游戏说明。

第4章 递归

从前有座山，山上有座庙，庙里有一个老和尚一个小和尚，老和尚在给小和尚讲故事，讲了个什么故事呢？"从前有座山，山上有座庙，庙里有一个老和尚一个小和尚，老和尚在给小和尚讲故事……"这个老奶奶哄小孙子睡觉的故事就是最早接触的递归。如果小孙子没睡着，故事可以永远地进行下去。

递归就是在运行的过程中调用自己。通过 BYOB 的自建程序块，可以建立自建的递归程序。

4.1 简单的递归程序

【剧情简介】

本节将用递归的方法画一个正方形台阶。每次画完对应的正方形后，画笔上移，再画一个小的正方形，执行规定次数后完成台阶。

【准备道具】

例 4.1 用递归的方法画一个正方形台阶。

我们继续在 3.1 节中画任意尺寸正方形的基础上，用递归完成一个正方形台阶。右击自建"zhengfangxing"程序块 zhengfangxing ，在弹出的快捷菜单中选择"编辑"命令，对这个程序块继续编辑，递归程序的一个关键设置就是设定一个条件，当达到条件时能退出程序，不至于使得程序无限运行下去。新加一个变量"cengshu"，设定要画的正方形台阶的层数，如图 4-1 所示。

【编写剧本】

本例中 cengshu > 0 是程序运行的条件，每调用自己一次 cengshu - 1 ，在程序的最后又再次调用程序自身 zhengfangxing 0.7 × chicun cengshu cengshu - 1 ，只是尺寸变为原来的 0.7 倍，层数减去 1。直到层数值不大于 0 时程序停止。

面向 0 方向（向上），移动"chicun"步数，是为了实现向上台阶效果，越往上所画正方形越小（0.7×尺寸控制）。

为了帮助大家理解递归的工作过程，可以想象整个程序执行由 6 个人，即大毛、二毛、三毛、四毛、五毛、六毛来完成。大毛画完了自己的大正方形，跑到第二个正方形的开始位

图 4-1 "画台阶"递归程序

置,停下来不干了;安排二毛画第二个正方形,二毛画完后,跑到第三个正方形的开始位置,安排三毛继续画……以此类推,六毛画完后告诉五毛,我画完了;五毛高兴地也和四毛说,六毛画完了,我也就画完了;以此类推到大毛时,大毛说那整个程序运行完了。

例 4.2 用递归的方法设计一个累加器。

在 2.2 节的拓展训练中我们设计了一个累加器计算 $S=1+2+3+4+\cdots+i$。从 1 到某指定数 i 的累加和。学习递归之后,可以很方便地设计一个递归程序实现 i 个数的累加。用递归的方法建一个"报告人"块"i nei shu lei jia he",如图 4-2 所示。

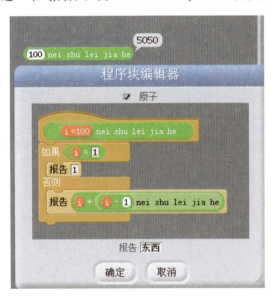

图 4-2 "i 个数累加和"程序块

程序执行过程:100 说要计算 100 内整数的和,只要把 1~99 的整数和算出来,然后我加上自己就行了,同样 99 说,只要 1~98 内整数和算出来再加上我就行了……。依次类推完成了 i 个整数的累加和。

【剧情延展】

除了画正方形的台阶外,是不是也可以发挥想象力,或者结合实际架构一些更形象的台阶? 如图 4-3 所示。

图 4-3　台阶效果

脚本区代码可以参考图 4-4,创建名为"palouti"的程序块,程序块中设置"chang"、"kuan"、"cengshu"3 个变量,分别代表"台阶"的长、宽和层数。

"palouti"的递归程序可以参考图 4-5,程序指令与前面正方形台阶的例子类似,只需要结合画笔指令,更改画笔颜色和大小,并通过动作指令做一定角度的旋转。

图 4-4　角色"贝博"的脚本

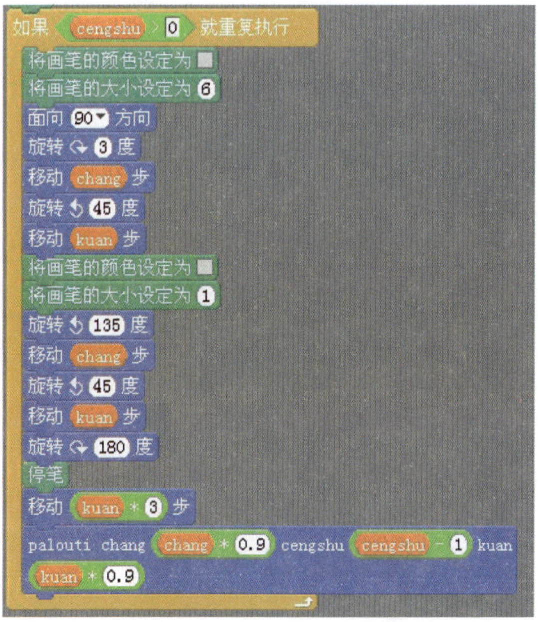

图 4-5　"palouti"程序块指令代码

4.2　比较复杂的递归程序——递归树

【剧情简介】

本节利用递归程序画一棵树,目标是画一棵树,如图4-6所示。

为了完成这棵树,先来做一个简单的版本(见图4-7),以便于清楚地了解其用到的技术。

要画一棵复杂的树,需从下面简单的步骤开始。

第一个画树块命名为tree1,使用图4-8所示的脚本。

图4-6　一棵树示例　　图4-7　"树"简化版　　图4-8　tree1脚本

此脚本表示移动size步后又返回, `move ( ○ - size ) steps` 返回移动步数,如图4-9所示。

图4-9　移动后返回

落笔后,面向0方向绘制出一个树干,这看起来非常简单,但很快它就会变得有趣。脚本运行时,绘制一个树枝,角色会移动回原来的位置。

70

✎【编写剧本】

下面制作一个脚本 tree2a 块来完成树的两个分支,这个脚本是在 tree1 基础上完成的,如图 4-10 所示。

图 4-10　tree2a(老版)程序代码

但这样的程序繁杂冗长,下面来看看如何简化这个过程。可以通过了解提供的这些代码理解递归,如图 4-11 所示。

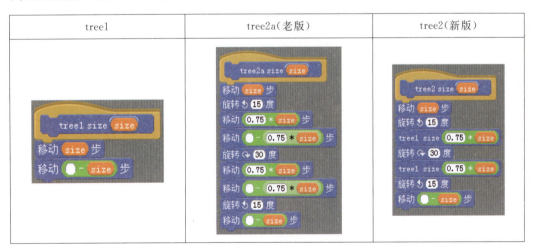

图 4-11　程序块简化过程对照

💡 **注意**:在 tree2 的脚本里,把 tree2a 中重复的部分通过调用 tree1 简化,但这种简化还是有很大重复性,并且这些块看起来几乎完全一样,可以用一个单一的树块。整体思路是:写一个画树的程序块,在使用这个块时,调用它本身,为了控制程序块的运行,加一个级数变量,除了输入尺寸,还要有一个级数的输入,在使用这个块时,每调用一次级数减1,如图 4-12 所示。

图 4-12 简化程序块

角色 1 只是画出了左边的分支,最后只是在一个地方转圈,没有出现要求的树形分支。

出了什么问题? 问题出在没有对在 level=1 的时候进行处理,所以程序停不下来,最后在一个地方转圈,并且右边分支还没有执行。所以需要加个判断语句对 level=1 的情况进行处理,如图 4-13 所示。

图 4-13 递归树程序块脚本与效果比对

💡**注意**:绘制树所需的时间量随级数的增加而变长,所以不要设置级数太多,图 4-13 是一个级数 12 的递归树。

下面通过图 4-14 逐行分析程序运行过程和递归过程。

为了便于说明,将图 4-14 程序标注了行号。

(1)第 6 行程序:用来绘制树干 。

(2)第 7 行程序:使得角色定位为左边子树。

(3)第 8 行程序:调用自身树块图画下一层的左子树。

(4)第 9 行程序:重新定位角色方向,准备画右子树。

(5)第 10 行程序:调用自身树块图画下一层的右子树。

(6)第 11 行程序:重新定位角色回到主干。

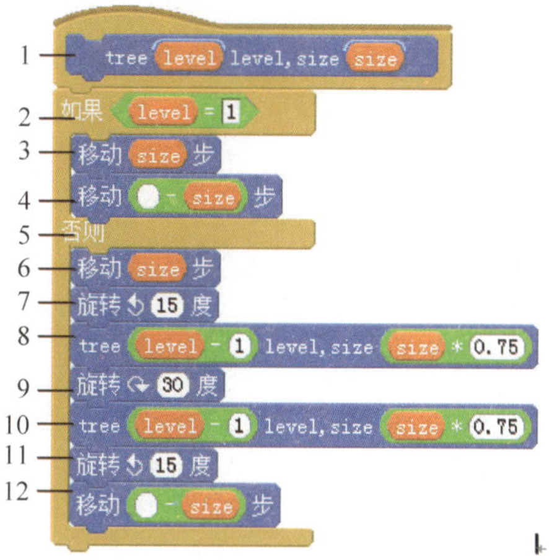

图 4-14　递归树程序块脚本

（7）第 12 行程序：回到树干角色开始的地方。

【剧情延展】

同学们一定很喜欢玩刮画吧？也可以编写一个小程序来实现"递归树"的五彩刮画效果，如图 4-15 所示。

图 4-15　"递归树"五彩刮画效果

脚本区代码可以参考图 4-16，以刚才"递归树"示例为基础，在"tree"程序块中引入新变量"huabi"（画笔），用来表示树干的粗细程度。可以在子程序调用时减小"huabi"变量的大小，从而达到树干在绘制时越往上画越细的效果。

如果想让贝博画出更多的"五彩树"，只需要再设置左、右移动，继续调用"tree"程序块就可以了。

为了达到刮画的"五彩"效果，对"tree"程序块进行如图 4-17 所示的程序修改。

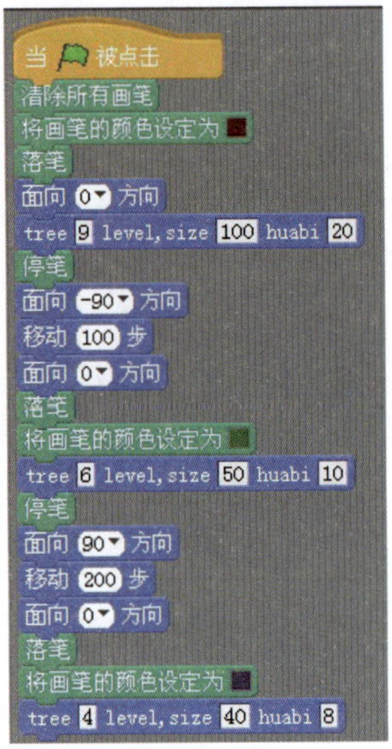

图 4-16　角色"贝博"画五彩树的脚本 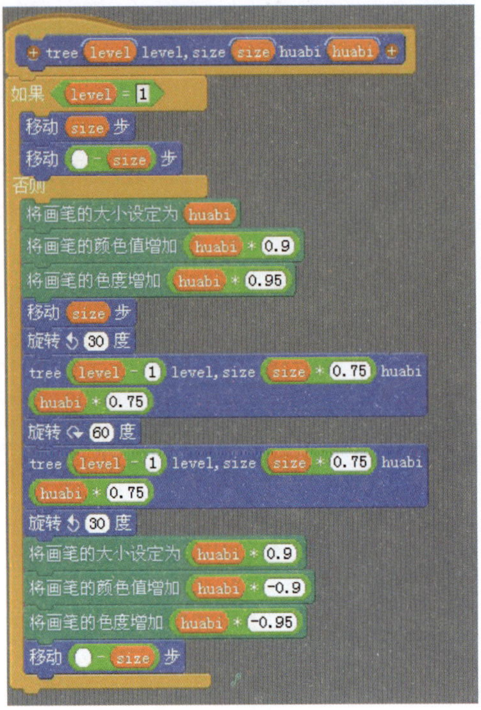 　　图 4-17　"tree"程序块指令代码

其实，还可以通过修改程序块中旋转度数的办法，让多棵五彩树变得枝叶各异，这个问题就留给大家来试试吧！

4.3　复杂的递归程序——雪花曲线

【剧情简介】

使用递归可以画出许多美丽的东西。在这个例子中，我们将学习如何使用递归画美丽的雪花曲线（见图 4-18）。

雪花曲线因其形状类似雪花而得名。它是由等边三角形开始把三角形的每条边三等分，并在每条边三等分后的中段向外作新的等边三角形，但要去掉与原三角形叠合的边。接着对每个等边三角形尖出的部分继续上述过程，即在每条边三等分后的中段，向外画新的尖形。不断重复这样的过程，便产生了雪花曲线。雪花曲线令人惊异的性质是：它具有有限的面积，但却有着无限的周长。雪花曲线的周长持续增加而没有界限，但整条曲线却可以画在一张很小的纸上。云层的边缘、山脉的轮廓、雪花及海岸线等自然界里的不规则几何图形都可用"雪花曲线"的方式来研究。

根据雪花曲线的这个性质，可以用前面学过的递归知识来完成。将下面等边三角形的每条边三等分，并在每条边三等分后的中间段向外作新的等边三角形，去掉与原三角形叠合的边。接着对每个等边三角形尖出的部分继续上述过程，即在每条边三等分后的中段,向外画新的尖形。不断重复这样的过程,便产生了雪花曲线,如图 4-19 所示。

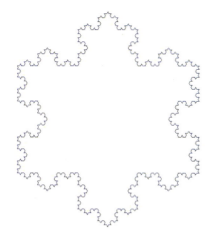

图 4-18 雪花曲线

图 4-19 雪花曲线的等边三角形结构

【准备道具】

单独一条边的分解过程如图 4-20 所示。当 level=1 时执行图 4-20 所示程序,会画一条直线,如图 4-21 所示。

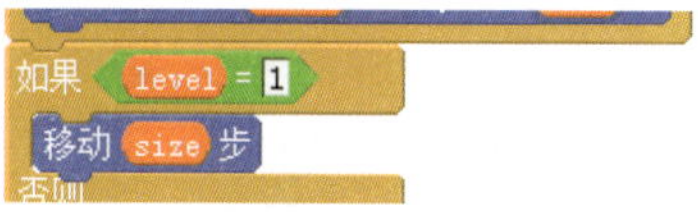

当 level=2 时,执行图 4-22 所示程序。

调用程序块自身 4 次,每次旋转对应角度,size 变为原来的 1/3。然后 level 变为 1,画出图 4-23 所示图案。

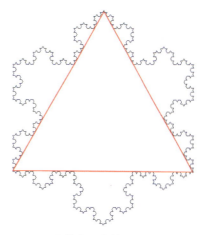

图 4-20 单独一条边的分解过程

图 4-21 画一条直线

图 4-22 level=2 时程序代码

当 level=3 时,重复执行上面程序,画出如图 4-24 所示的图形。

图 4-23 level=2 时图案

图 4-24 level=3 时图案

当 level=4 时,再次重复上面程序,画出如图 4-25 所示的图形。

当level＝5时，再次重复上面的程序，画出如图4-26所示的图形。

图4-25　level＝4时图案

图4-26　level＝5时图案

【编写剧本】

通过上面的图形可以看出，在每一个层级里，都是从该层级直线的1/3处改变方向的，真实的执行情况是，直到level＝1之前，角色还没有移动，当level＝1时角色才移动。

图4-27所示是三角形一条边完整的递归程序块，以level＝3、size＝270为例进行分析，程序执行过程如下，首先判断level不等于1，执行后面程序调用自身，此时的level＝2，size＝90；调用自身后，还是先判断level的值是否等于1，如果不等于1，还是要调用自身，此时level＝1，size＝30；然后角色走30步，旋转相应角度，再走30步……

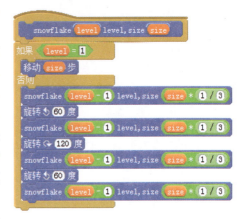

图4-27　三角形一条边的递归程序块

执行上面的程序后，得到的只是雪花的一个侧面，要运行3个面并结合起来，才能形成一个完整雪花，如图4-28所示。

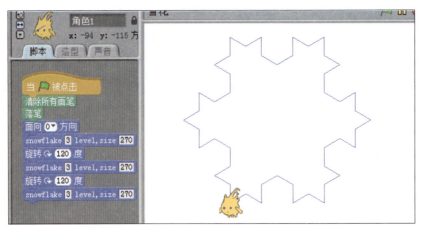

图4-28　一个完整的雪花

【剧情延展】

制作图4-29所示的大雪纷飞的场景。

从图 4-27 中可以知道,snowflake 代表的是三角形一条边的递归程序块,如果绘制一片完整的雪花图案,需要调用 3 次 snowflake 程序块。为了简化程序,可以再新建一个程序块——"雪花程序块",包含了 3 次调用 snowflake 程序块的过程,通过调用"雪花程序块"直接绘制一片完整的雪花图案。

图 4-30 所示为一片完整的雪花程序块的代码。

图 4-29　大雪纷飞场景　　　　　图 4-30　一片完整的雪花程序块代码

图 4-31 中子程序 snow 等同于图 4-27 中的 snowflake,snow 程序块代码如图 4-31所示。

在博贝脚本中,加入图 4-32 所示脚本,希望得到雪花随机出现并画出随意层数和随意大小的状态,所以选取一定数值范围内的随机数,并增设变量 a 来控制画笔的大小。当画笔细一些时,雪花的层数少、尺寸小,反之雪花的形状大。

图 4-31　snow 程序块代码　　　　　图 4-32　加入的脚本

在循环体的最后,设置画笔颜色值增加一个随机数的效果,雪花的颜色会有一些变化。彩色的雪花是不是更漂亮呢?只要有想象力,世界都是彩色的。

4.4 复杂的递归程序——汉诺塔

【剧情简介】

递归在程序设计算法中属经典级且为入门级算法,对于大多数编程初学者来说,充分理解该算法极为重要。那么作为递归算法的经典产物——汉诺塔,便可十分透彻地解析其原理及应用方式。

汉诺塔是源自印度古老传说的益智玩具,又称河内塔,是说婆罗门教的主神梵天在创造世界的时候做了 3 根金刚石柱子,在一根柱子上从下往上按大小顺序摆着 64 片黄金圆盘,他命令婆罗门把圆盘从下面开始按大小顺序重新摆放在另一根柱子上。并且规定,在小盘上不能放大盘,在 3 根柱子之间一次只能移动一个圆盘。

可以知道,64 个金盘所需要的移动次数是每个盘从一个柱子移动到另一个柱子,每次有两种移法,则总次数为 $2^{64}-1=18446744073709551615$。这是一个庞大的工程,大到如果每秒人都能准确地移动一次,也需要 5845 多亿年才可能把它完成。所以这个工程只能用强大的计算机来模拟,下面就用递归的方法具体讲讲该算法的构思。

先从 3 个盘子开始,开始时,所有盘子均在塔 A 上。而且盘从上到下,按直径增大的次序放置,如图 4-33 所示。设计一个移动盘子的程序,使得塔 A 上的所有盘子借助于塔 B 移到塔 C 上,但有两个限制条件:一是一次只能搬到一个盘子;二是任何时候不能大盘子放在比它小的盘子的上面。

如果是一个盘子,直接将 A 柱子上的盘子从 A 移到 C,否则先将 A 柱子上的 $n-1$ 个盘子借助 C 移到 B,直接将 A 柱子上的盘子从 A 移到 C,最后将 B 柱子上的 $n-1$ 个盘子借助 A 移到 C。

首先,仅仅看汉诺塔的最简 3 种情况(先由左向石令 3 根直柱为 A、B、C)。

情况 1:仅存在一个圆盘时,十分简单,直接将 A 上的盘移到 C 上即可,如图 4-34 所示。

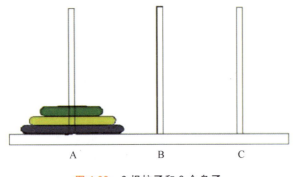

图 4-33　3 根柱子和 3 个盘子

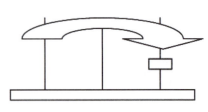

图 4-34　情况 1

情况 2：存在两个圆盘时，需要 3 次完成移动（见图 4-35）。

（1）先将 A 上的小盘放在 B 上。

（2）将 A 上的大盘放在 C 上。

（3）将 B 上的小盘放在 C 上完成移动。

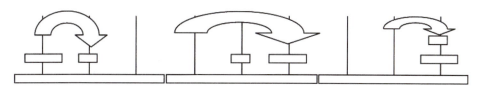

图 4-35　情况 2

情况 3：也就是存在 3 个圆盘的时候，仅需考虑情况 2 即可。也许读者会直接给出 3 个盘的移法，但在这里不主张这样思考，尤其是在做程序的时候。那么该如何设想呢？

首先，可将 3 个盘做如图 4-36 所示的变换。

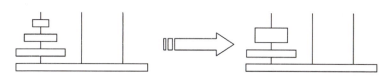

图 4-36　情况 3 之一

将 3 个盘按图 4-36 所示转化为两个盘，再如图 4-37 所示将两个盘做相同移动即可。

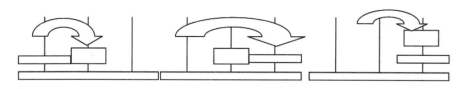

图 4-37　情况 3 之二

在此，可以拿这部分移动图与完整的 3 个盘移动图做比较，会发现其区别和关键在于第一幅图与第三幅图中两盘并动的过程如何实现，若能得到答案，则直接替换即可。而如何将两个盘从一根柱子移到另一根柱子呢？

答案很简单，可直接按照情况 2，借助于第三根柱子，和移动两个盘完全一样，替换一下即可。然后，将图 4-37 和图 4-38 的移动步骤合并为图 4-38，便完成了三个盘的移动了。

图 4-38　还原后的图形

那么，当盘的数量为 4 个、5 个或是更多呢？

如果能看懂上面的过程，便不难想到将情况 3 用到的方法用到这里，将多盘逐步按两盘简化求解。下面以四盘为例简单说明。

可将 4 个盘分为 1 个大盘和 3 个小盘两组，按情况 2 来考虑，而 3 个盘一并移动的步骤则直接成了情况 3 了，替换一下即可。以此类推，5 个盘或是若干个也应该是好理解的。

▲【准备道具】

下面先用列表的方式演示汉诺塔的执行过程,主程序和界面如图4-39所示。

图4-39　主程序和界面

先定义3个列表:柱子1(peg1)、柱子2(peg2)和柱子3(peg3);初始化后peg1上有1~5号5个盘,移动时要始终保证盘号大的在下面,按照前面的分析新建3个程序块如图4-40所示,即初始化程序、整体移动程序、移动具体盘程序。

初始化程序,如图4-41所示,设置盘的数目 n(默认值是3),将3个列表清空,将变量 i 的初始值设置为1,重复执行 n 次将 i 的值每次加1后,添加到列表1(peg1)的末尾。

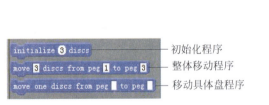

图4-40　新建3个程序块

图4-41　初始化程序

✎【编写剧本】

整体移动程序,如图4-42所示。

将 x 个盘子从柱子 a 移动到柱子 b 上,步骤是:如果是 $x>1$ 就先将 $x-1$ 个盘子移动到第 $6-(a+b)$ 柱子上 move x-1 discs from peg a to peg 6-a+b (用 $6-(a+b)$ 实现3根柱子转换);然

后将最下面的一个盘子从 a 柱子移动到 b 柱子，；再将 $x-1$ 个盘子从第 $6-(a+b)$ 柱子上移动到 b 柱子上。

用具体数字说明：将 3 个盘子从柱子 1 移动到柱子 3，递归步骤如下：

（1）将上面的 2 个盘子从柱子 1 移动到柱子 2 上。

（2）将最下面的盘子从柱子 1 移动到柱子 3 上。

（3）将上面的 2 个盘子从柱子 2 移动到柱子 3 上。

移动具体盘程序，如图 4-43 所示，根据不同的 a、b 值将要移动的盘号从 a 列表的末尾删除，插入到 b 列表的末尾。

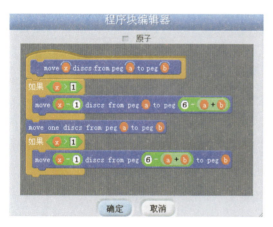

图 4-42　整体移动程序

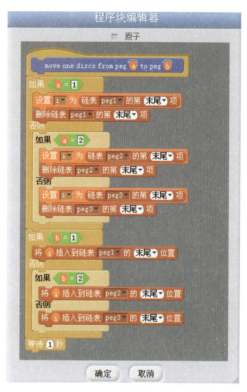

图 4-43　移动具体盘程序

第5章 BYOB 新增程序块

本章将具体介绍 BYOB 3 新增加的程序块,并通过具体的例子,介绍这些程序块的主要应用;着重介绍 BYOB 中有特色的 object 程序块和 attribute 程序块中的"锚点"属性,以及在局域网中的联机设置。

5.1 新增程序块概述

与 Scratch 1.4 相比较,BYOB 3 增加了一些新的程序块,按照其所属类别不同分别介绍如下:

(1) 控制程序部分增加了一个调试"命令"块、一个调试"报告人"块,这两个块可以通过插入到脚本里来开始单步调试,通过打开调试窗口并在其中检查变量,来一步一步对脚本进行调试,如图 5-1 所示。

(2) 侦测程序部分增加了(由于汉字编码的问题这两个程序块的汉化不显示,采用英文说明)如图 5-2 所示的项。

图 5-1 调试窗口

图 5-2 侦测部分增加的功能

object 程序块有一个下拉菜单,单击下拉按钮,会列出所有的角色,也包含舞台(舞台也被看成是一个角色)以及"自己"和"全部角色"。利用这个程序块可以返回任何类型的数据,也可以使用作为输入的任何块,接受任何输入的类型,如图 5-3 所示。如果你说的是对象,那么所讲的内容将包含一个较小角色的形象。

图 5-3 故事里的角色

attribute 程序块是一个带下拉菜单的程序块,包含很多属性值。通过选择不同属性可以返回角色的名称、位置、继承关系等情况,在下面的章节中会通过实例进行阐述。

（3）数字和逻辑运算部分。

① 增加了"成立(true)"、"不成立(false)",如图 5-4 所示,结果提供的是布尔值。

② 如图 5-5 所示, 块是用来检查数据类型的。下拉列表框中包含所有可用的类型,即数字、文本、布尔值、链表、命令、报告人、谓语及对象等。

图 5-4　增加的功能　　　图 5-5　"数字"下拉列表框

块的返回值是其内部的一段不运行的脚本,如图 5-6 所示。

图 5-6　不运行的脚本

返回的是正在调用的程序块。

（4）变量部分。用 脚本变量 可创建一个脚本变量,它可以使用任何脚本,无论是在角色的脚本或块编辑器中的脚本。通过这个程序块可以设置脚本的一个或多个变量,如可以用它来统计脚本被调用的次数。

5.2　新增程序块应用实例——坦克大战

本节通过一个坦克的实例介绍侦测程序里的 object 程序块和 attribute 程序块。

【剧情简介】

本程序设置了坦克"车身(CHE SHEN)"、"炮筒(PAO TONG)"、"炮弹(PAO DAN)"几个角色,通过 object 程序块和 attribute 程序块,将炮筒角色作为坦克的一个零件"粘接"(英文称之为锚点)到车身角色上,这样炮筒就会随着车身一起运动,形成了一个

"超级角色",这些角色组合在一起移动,同时也可以分别控制。比较典型的例子就是把一个人身体的躯干作为主角色,然后把四肢和头部作为分角色,然后"粘接"到主角色上。BYOB允许把一个角色作为指定锚点的主体,而其他角色可以作为其组成部分。主角色躯体作为父程序,其他角色作为子程序(零件),从而实现角色的嵌套,最简单的使用方法是把子角色从角色栏中拖拽至舞台的主角色上,就完成"粘接"功能,也可以用本节所介绍的程序完成。

【准备道具】

图5-7所示为本节例子要设计的坦克实例,导入3个角色,将"炮筒"作为子程序"粘接"到"车身"上,把"炮弹"作为子程序"粘接"到"炮筒"上。

【编写剧本】

1. "车身"脚本设计

图5-7　坦克实例

如图5-8所示,本例中用"上"、"下"、"左"、"右"四个方向键控制车身的前进、后退、左转、右转,用空格键控制程序结束。

2. "炮筒"脚本设计

如图5-9所示,本例子中用"a"键控制炮筒左转向,"d"键控制炮筒右转向。

图5-8　"车身"脚本设计　　　　图5-9　"炮筒"脚本设计

这个程序块将"炮筒"程序块的锚点(MAO DIAN)属性,设置为"车身"程序块对象,在舞台上将"炮筒"对象拖至"车身"上,运行该程序块,就会把"炮筒"组合到"车身"上成为一个整体。

3. "炮弹"脚本设计

如图5-10所示,用"s"键控制炮弹发射,程序块将"炮弹"程序块的锚点(MAO DIAN)属性,设置为"炮筒"程序块对象,在舞台上将炮弹对象拖至炮筒上,运行该程序块,就会把炮弹组合到炮筒上成为一个整体。

　　设置完成上述程序后,可以在角色上右击(见图 5-11),通过"父程序(FU CHEN XU)"、"子程序(ZI CHENG XU)"命令查看当前程序块的父程序和子程序。通过"detach all subsprites"命令来断开锚点设置。

图 5-10　炮弹发射程序块　　　　　　　　图 5-11　右键菜单

　　读者可以在此基础上设计飞机、汽车等其他角色,完成一个坦克大战的游戏。

5.3　新增程序块应用实例——乒乓球游戏

　　BYOB 的网络功能比 Scratch 有了显著提高,Scratch 完成程序后可以实现在官网分享,而 BYOB 可以实现角色的联机分享,即在 A 机上生成的角色,可以分享到与之互联的 B 机上,还可以应用这个特点实现联网游戏设计。

　　(为了叙述方便,将主机定义为 A。)

　　本节通过一个双机互联的乒乓球对打游戏设计,简单地介绍 BYOB 的网络功能。为了实现双机互联,BYOB 使用了相关网络协议,通过"分享"菜单中的相关设置,建立网络连接(见图 5-12)。主机 A 控制 A 球拍运动,同时要把相应坐标值通过"广播"的方式,传送到互联计算机 B 上,控制 B 机上相应 A 球拍运动与 A 机一致,同时 B 机控制的球拍运动的坐标通过"广播"方式传到 A 机。因此要编辑 A 机、B 机两个运行程序。

图 5-12　联机设置

如图 5-13 所示,当程序开始时,单击"分享"菜单,将当前使用计算机"设置为主机",记下当前所用计算机的 IP,当其他计算机要和当前计算机联机时,在要联机的计算机上运行 BYOB,选择"连接到主机"后,输入主机 IP 即可实现联机。

图 5-13 设置主机

【剧情简介】

如图 5-14 所示,当屏幕中间的乒乓球在球拍 A、B 之间来回运动时,球的 X 坐标只要不超过 A、B 球拍的 X 坐标值,游戏正常进行,如果球的 X 坐标小于球拍 A 的 X 坐标,则 B 方胜;如果球的 X 坐标,大于球拍 B 的 X 坐标,则 A 方胜。

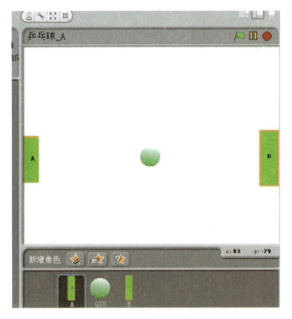

图 5-14 界面设计

【准备道具】

(1) 添加 3 个角色,即球拍"A"、乒乓球"QIU"和球拍"B"。

(2) 为了使程序界面运行时一致,可以将这 3 个角色,通过"分享"菜单下的"分享这个角色"命令分享到与当前计算机相连的 B 计算机上,然后在 B 计算机上编辑联机端的运行程序。

✒【编写剧本】

l. 主机端角色的脚本编写

（1）主机端角色 A 球拍的脚本编写。

① 初始化程序，设定球拍 A 的初始位置，如图 5-15 所示。考虑到球拍高度，为使球拍位于屏幕中间，设置如图 5-15 中 x、y 坐标。

② 设置球拍 A 的运动方向、速度及广播自己坐标。如图 5-16 所示，用上下键控制球拍 A 的运动方向，移动速度为 30 步，同时要广播 A_UP、A_DOWN，告诉 B 计算机球拍 A 的位置，B 计算机通过接收这个广播信息，确定 B 计算机上球拍 A 的位置，与 A 计算机上球拍 A 位置保持一致。

（2）主机端角色 B 球拍的脚本编写。

① 初始化程序，设定球拍 B 的初始位置，如图 5-17 所示。考虑到球拍宽度，为使球拍位于屏幕中间且与 A 球拍在同一水平线上，设置如图 5-17 中 x、y 坐标。

图 5-15　初始化 1

图 5-16　球拍 A 运动

图 5-17　初始化 2

② 设置球拍 B 在 A 计算机上的运动。如图 5-18 所示，用 B 计算机上广播的 B_UP、B_DOWN 信号控制 A 计算机上的 B 球拍运动，与 B 计算机运动保持一致。

（3）主机端角色 QIU 的脚本编写。

① 初始化程序，设定球的初始位置，如图 5-19 所示。为了使 A、B 计算机上球的位置保持一致，新建两个变量，即 QIU_X、QIU_Y，并将变量值定义为角色 QIU 的 x、y 坐标，然后通过远程传感器，传到 B 计算机上，B 计算机利用这个值初始化 B 球的位置。

图 5-18　球拍 B 运动

图 5-19　角色 QIU 初始化

② 用空格键控制球开始运动，当空格键按下时，球选择一个随机角度开始运动，如果碰到球拍 A、B 球会随机改变运动方向，同时将球的 x、y 坐标传递给变量 QIU_X、QIU_Y，B 计算机上的球通过远程传感器用该值确定 B 计算机上球的位置，实现同步，如

图 5-20 所示。

（4）胜方判断机制如图 5-21 所示，用一个"直到……"语句程序正常运行，如果出现球的 x 坐标值大于 210，即跑到了 B 球拍的后方，则 A 方胜，反之 B 方胜。

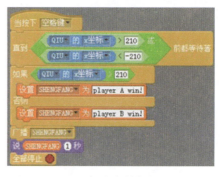

图 5-20 角色 QIU 位置控制　　　　　　　　图 5-21 胜方判断机制

2. 联机端角色的脚本编写

（1）联机端角色 A 球拍的脚本编写。

① 初始化程序，坐标与主机端保持一致。

② 球拍 A 的运动方向要受主机端广播 A_UP、A_DOWN 的控制，速度与主机端保持一致，如图 5-22 所示。

（2）联机端角色 B 球拍的脚本编写。

① 初始化程序，设定球拍 B 的初始位置，如图 5-23 所示。速度与主机端坐标保持一致。

② 设置球拍 B 在 B 计算机上的运动。如图 5-23 所示，用"上移键"和"下移键"控制 B 计算机上的 B 球拍运动，同时广播 B_UP、B_DOWN，A 计算机用这个信号控制 A 计算机上 B 球拍的运动，并保持运动一致。

图 5-22 联机端角色 A 球拍脚本　　　　　　图 5-23 联机端角色 B 球拍脚本

（3）联机端角色 QIU 的脚本编写。

初始化程序,设定球的初始位置,如图 5-24 所示。用远程传感器传来的 QIU_X、QIU_Y 控制 QIU 的坐标。

图 5-24　联机端角色 QIU 脚本

【剧情延展】

本程序设计只是简单介绍了 BYOB 的联机共享功能,在此基础上可以结合上节的内容思考一下,设计更复杂的游戏程序⋯⋯

注意:本程序参照台州李昌志老师的 Scratch 程序在 BYOB 下编辑完成。

5.4　新增程序块应用实现——网络跷跷板

本节利用 BYOB 的网络功能和新增的 object 属性和 attribute 属性设计一个服务器、客户端的游戏程序,实现一个局域网内的联网游戏,如图 5-25 所示。

图 5-25　服务器端界面

📜【剧情简介】

通过"分享"菜单的"设置为主机"命令设置服务器端，局域网内的其他客户端通过"连接到主机"命令与服务器连接。游戏玩法是通过添加或减少跷跷板两边的蚂蚁数量实现跷跷板的平衡，每实现一次平衡就开始计时，游戏可以分为"维持平衡"组（如班级里所有女生）、"破坏平衡"组（如班级里所有男生），每一个参与游戏的人都要考虑其他游戏参与者的想法，跷跷板"着地"为"维持平衡"组失败，"破坏平衡"组获胜。

⚠️【准备道具】

游戏共有8个角色，主要程序脚本编写在"跷跷板"（角色"ban"），通过上下箭头控制左右两边蚂蚁是上跷跷板还是下跷跷板，来控制跷跷板上蚂蚁数量。单击"再来一次"按钮给予游戏参与者重新开始的权利。为了保持角色的统一性，可以在服务器端程序设计完成后通过"分享"菜单传递给客户端进行客户端设计。

如图5-26所示为跷跷板（角色名"ban"）的服务器端程序，游戏结束的条件是跷跷板角色碰到了角色"L上"或"R上"两个角色中的任意一个。同时说"失败了"2秒钟，广播"shibai"和"chushihua"信息，左、右蚂蚁数用变量r、l统计。

图5-26　服务器端角色"ban"

通过判断左、右蚂蚁数的差值，控制跷跷板的转动方向，如果把旋转角度设计为一个变量，还可以通过这个变量控制游戏的难易程度，为游戏设计不同的级别。每一次动作后都要有一个广播，通过这个广播信息控制客户端的角色运动，如图5-27所示。

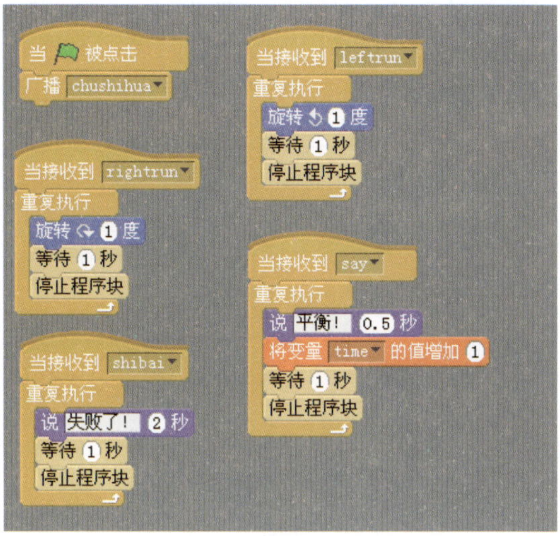

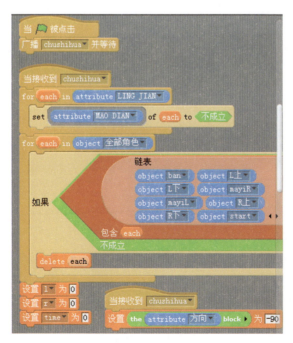

图 5-27   客户端角色"ban"

✒️【编写剧本】

1. 服务器端角色的脚本编写

（1）服务器端角色 ban 的脚本编写。

① 初始化程序。如图 5-28 所示，单击开始时或单击"再来一次"都可以初始化程序，删除所有锚点在跷跷板上的蚂蚁，将 l、r、time 3 个变量设置为"0"，跷跷板恢复到初始水平状态。

图 5-28   初始化程序

② 初始化程序中的自建程序块。如图 5-29 所示,通过 for-each 块查询跷跷板对象的所有子程序(即 attribute 的零件 LING JIAN 属性)列表;set-each 程序块设置所有锚点(MAO DIAN)解除("不成立")。

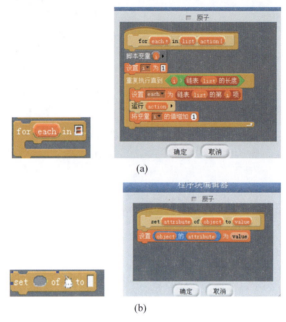

图 5-29　自建程序块 1

③ 蚂蚁上跷跷板的脚本编写。在客户端的"L 上"(R 上类似)角色上单击时,发出一个 leftcopy 的广播命令,如图 5-29(a)所示,服务器端接收到该命令后执行图 5-29(b)所示脚本。首先将左边的蚂蚁(mayiL)克隆一个;之后移动到相应的坐标位置用 x: (i + 1) * 10 确定 x 坐标,如果参与人数很多可以调整后面乘的数小于 10;将克隆的蚂蚁角色锚点到跷跷板上,同时变量 l 加 1;并通过脚本变量 loadleft 将新增角色加入到零件属性的链表中(见图 5-30)。同时,广播 addL 通知客户端增加一个克隆角色。

图 5-30　蚂蚁上跷跷板脚本

④ 蚂蚁上跷跷板脚本内的自建程序块。这些程序块同样适用于右边蚂蚁,如图 5-31 所示。

图 5-31   自建程序块 2

⑤ 蚂蚁下跷跷板的脚本编写。在客户端的"L 下"("R 下"类似)角色上单击时,发出一个 leftdelete 的广播命令,如图 5-32(a)所示,服务器端接收到该命令后执行图 5-32(b)所示脚本。删除链表中的克隆角色,变量 l 的值增加"−1"。

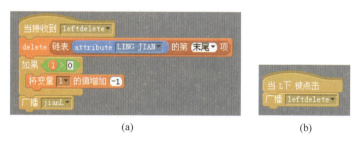

(a)   (b)

图 5-32   蚂蚁下跷跷板脚本

(2) 服务器端其他角色脚本编写,如图 5-33 所示。

图 5-33   服务器端其他角色脚本

2.客户端角色的脚本编写

（1）客户端 ban 角色的初始化指令脚本设计。

为了减少网络数据传输量,采用客户端和服务器端设置一样角色,只传输"广播"信息,这样能减轻服务器负担。在完成图 5-27 所示设置后,要进行初始化设置,如图 5-34 所示,当接收到服务器端广播初始化指令后,与服务器端同时删除前面游戏遗留的角色。

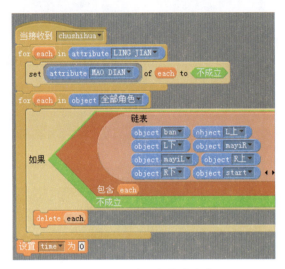

图 5-34　客户端初始化脚本

（2）客户端蚂蚁上跷跷板的脚本设计。

除跷跷板(ban)角色外,客户端的其他角色设置与服务器端相同,如图 5-33 所示。当游戏参与者单击"L 上"角色时,会广播一个"leftcopy"指令,服务器端接收该指令后,执行图 5-30 所示的蚂蚁上跷跷板的脚本,同时广播一个"addL"指令,所有客户端都会接收到这个指令,执行图 5-35 所示脚本,在客户端也会在相同位置克隆一个角色并且锚点到角色 ban 上,实现客户端和服务器端同步。"R 上"脚本执行方法与此类似。

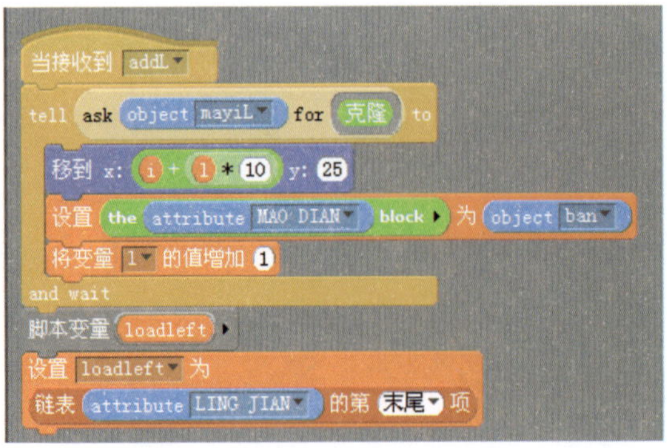

图 5-35　客户端上跷跷板脚本

（3）客户端蚂蚁下跷跷板的脚本设计。

当客户端单击角色"L 下"时,执行图 5-33 所示的 L 下指令,广播 leftdelete 指令服务器端接收到指令后执行图 5-32 所示的脚本，同时广播 jianL 指令，客户端接收到指令后，执行图 5-36 所示脚本，同时删除服务器端和客户端的角色。

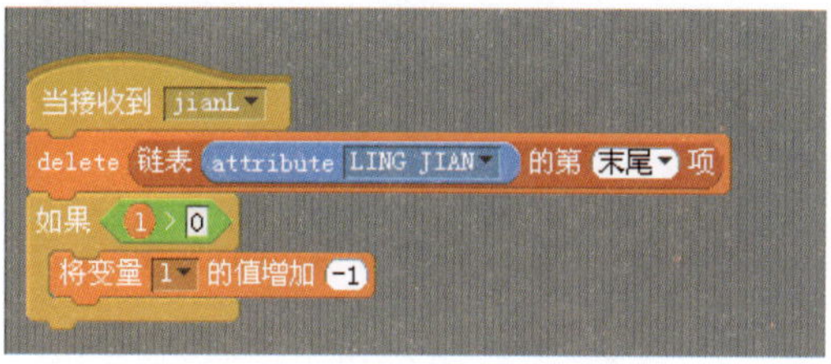

图 5-36　客户端下跷跷板脚本

其他角色的脚本和服务器端一致，不再重述。

第6章 BYOB 与硬件——认识 Scratch 传感板

BYOB 如同人的大脑，可以处理各种复杂的指令，Scratch 传感板可以看做人的感觉器官，它能通过不同的传感器来感知外界环境的变化，并将这些变化信号传递给"大脑"，让 BYOB 来根据事先设计好的程序做出相应的反馈。

6.1 Scratch 传感板简介

因为 BYOB 是在 Scratch 基础上开发而成的，所以 Scratch 传感板（见图 6-1）在 BYOB 上仍然可以使用，通过对 Scratch 传感板的一些程序进行开发，可以利用外界环境的改变来控制软件的运行情况，进而有助于了解一些关于传感器的硬件知识。

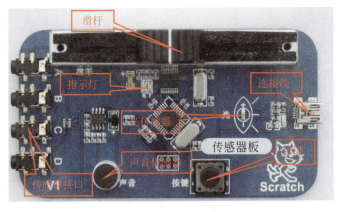

图 6-1 Scratch 传感板

（本课程用到的传感板由常州教育创客和深圳申议实业有限公司提供，文字资料参考自 www.scratchchina.com 中的硬件说明书。在这里感谢常州教育创客和深圳申议实业有限公司提供的硬件支持和软件资源。）

(1) 连接线：用来和计算机 USB 接口连接，正确安装驱动后实现和计算机通信。

(2) 指示灯：传感板正常工作时，指示灯点亮。

(3) 按键：通过按钮的通断进行控制，按下按钮时为 true，否则为 false。

(4) 滑杆：通过滑杆阻值变化进行控制，阻值范围为 $0.0 \sim 100.0$。

(5) 声音传感器：感知声音变化，开发声控程序，变化范围为 $0.0 \sim 100.0$。

（6）光线传感器：感知光线变化，开发光控程序，变化范围为 0.0～100.0。

（7）传感器接口：可以使用鳄鱼夹外接其他传感器。

用连接线将传感板和计算机的 USB 接口连接，Windows 7 以上的系统会自动寻找并安装驱动程序，其他的 Windows 版本则需要手动安装驱动。下面以 Windows XP 为例来介绍驱动的安装过程。

（1）连接好传感板与计算机后，计算机会弹出图 6-2 所示的对话框，选中"从列表或指定位置安装"单选按钮，然后单击"下一步"按钮。

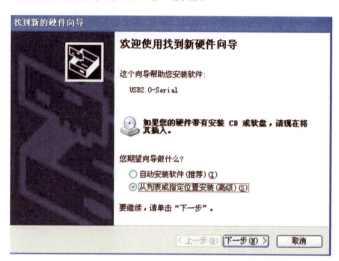

图 6-2　提示对话框

（2）选中"在搜索中包括这个位置"复选框，如图 6-3 所示。

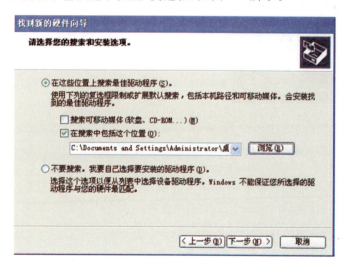

图 6-3　选择位置

（3）单击"浏览"按钮，选择驱动程序的存储目录，然后单击"确定"按钮，再单击"下一步"按钮，如图 6-4 所示。

图 6-4 选择驱动目录

（4）单击"完成"按钮，完成驱动程序的安装，如图 6-5 所示。

图 6-5 完成安装

至此传感板的驱动安装完成。启动 BYOB 后，选择相应的硬件程序，单击运行程序时，传感板上的指示灯闪烁，说明传感板工作正常。

各传感器的状态参数可以通过在侦测模块中的指令前面打"√"，让它们在舞台中显示，如图 6-6 所示。

深圳申议公司的 Labplus Scratch 测控板对 Scratch 传感器板做了改进，使它变成了 Scratch 测控板，除了感知外界信息外，还可以输出电动机、蜂鸣器、LED 灯等多种控制信号，如图 6-7 所示。

Labplus Scratch 测控板和计算机通过 USB 接口连接，可以探测温度、光强度、电学

图 6-6　传感器参数

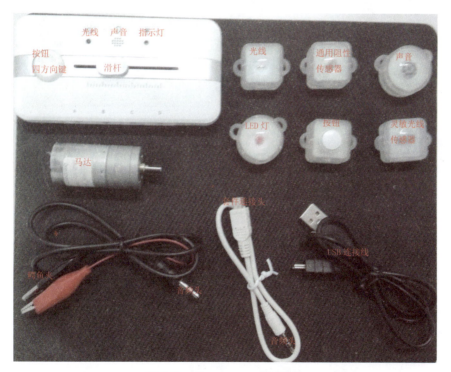

图 6-7　Labplus Scratch 测控板

量(如电阻、电压和电流强度)等物理量。输入量包括数字量(开/关、连接/断开)和模拟量(电阻、温度、光照、湿度、声音、位置)两种,其使用与连接方法与 Scratch 传感板相似。

6.2 美丽的夜色——按键控制

【剧情简介】

也许，每个人都因追逐梦想来到繁华的城市，夜以继日，日复一日，忙碌的是身影，遗忘的却是途中那美丽的风景。现在让我们自己来掌控这美丽的夜景，开启那繁华的一幕吧！当按下传感板上的按钮时，华丽的都市便呈现在眼前(见图 6-8 和图 6-9)。

图 6-8　传感板上的按钮控制

图 6-9　程序界面

【准备道具】

（1）选择一张曝光合适的夜景图片。

（2）利用图像编辑软件，将夜景图片进行适当处理，使其达到灯光熄灭的效果。

（3）将上述两张图片导入到舞台背景中（见图 6-10），分别命名为 lemp1 和 lemp2。
注意：两张图片的导入顺序一定不要颠倒。

【编写剧本】

（1）单击"脚本"按钮，转到编写脚本状态。

（2）编写图 6-11 所示的脚本代码。

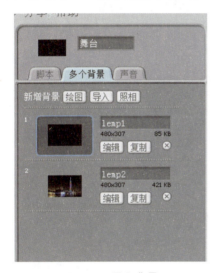

图 6-10　导入背景

图 6-11　脚本代码

【剧情延展】

你是否也曾留恋于自己家乡的美景呢？你还能开发出按钮的哪些奇趣功能呢？发挥自己的想象力，和同学们一起来试一试吧！

6.3　性格测试——滑杆控制

【剧情简介】

"性格色彩学"的源头是希波克拉底的四液学说。追溯到古希腊，希波克拉底就已提出了"没有两个完全一样的人，但许多人有着相似的特征"的理论。希波克拉底与他的门人通过实验与观察将人们进行分类，并能够精确地预示出不同人对于生活的不同态度。同学们，你们是什么性格呢？滑动你们手中的滑杆来寻找答案吧！滑动滑杆，陶女娃的颜色就会发生变化，不同的颜色对应着不同的性格（见图 6-12 和图 6-13）。

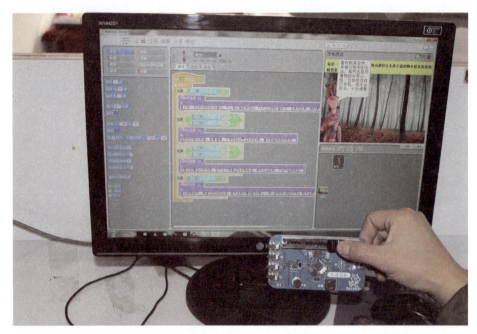

图 6-12　滑动滑杆控制

图 6-13　性格测试

【准备道具】

（1）选择并导入一个自己喜欢的背景。

（2）通过背景中的"编辑"功能输入说明性文字，如图 6-14 所示。

（3）新增"陶女娃"角色，并依次导入陶女娃的 4 个造型，如图 6-15 所示。

图 6-14　编辑背景

【编写剧本】

（1）选择"角色 1"，然后编写脚本。

（2）因为为角色设计了 4 个不同的造型，这 4 个造型的变化对应着滑杆的不同阻值范围，所以要将循环体分为 4 种不同的情况来处理，如图 6-16 所示。

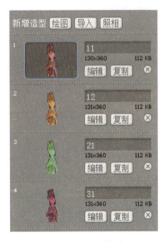

图 6-15　陶女娃造型

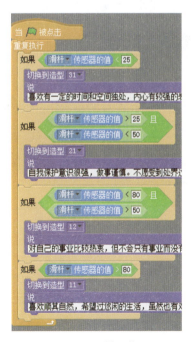

图 6-16　循环体

（3）分别为不同的造型设置对应的阻值范围，当切换到某一个造型时，显示这个造型的性格特征。

【剧情延展】

通过上面的游戏可以看到，滑杆传感器的阻值是可以实现从 0.0～100.0 的连续变化的，同学们能不能根据这个线性变化的特点设计出更加有趣的游戏呢？

6.4　电眼唐老鸭——声音控制

【剧情简介】

唐老鸭（唐纳德/Donald Duck）是迪士尼最著名的人物之一（唐老鸭和米老鼠并驾齐驱），他有一副热心肠，总是充满善意，但他又非常急躁，爱发脾气。游戏中的唐老鸭是个喜欢安静的家伙，千万不要吵到他，否则他可是会给你"眼色"看的啊！当程序检测到有声音时，唐老鸭的眼睛就会上下移动，而且移动的速度与声音的大小成正比例关系（见图 6-17 和图 6-18）。

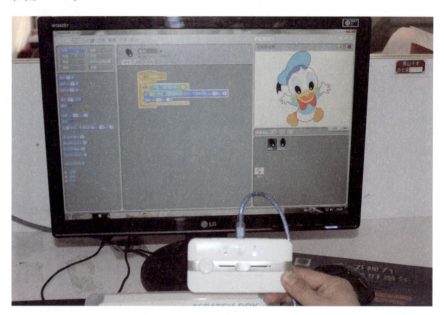

图 6-17　声音控制

【准备道具】

（1）导入一张唐老鸭的图片作为舞台背景（要眼睛大一点儿的，事先用图像软件将眼睛处理好）。

（2）单击 按钮，在"绘图编辑器"中绘制唐老鸭的第一只眼睛——角色 1。

（3）复制角色 1 并转动一定角度，建立角色 2。

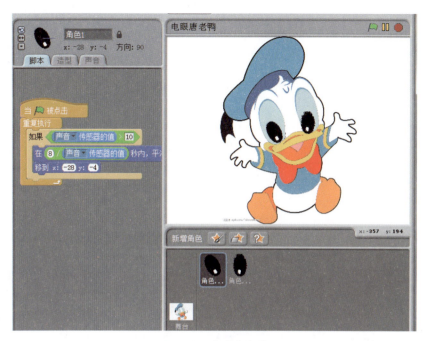

图 6-18　电眼唐老鸭

（4）将唐老鸭的两只眼睛拖动到舞台中的合适位置上。

【编写剧本】

（1）选择角色 1，编写如图 6-19 所示的脚本。

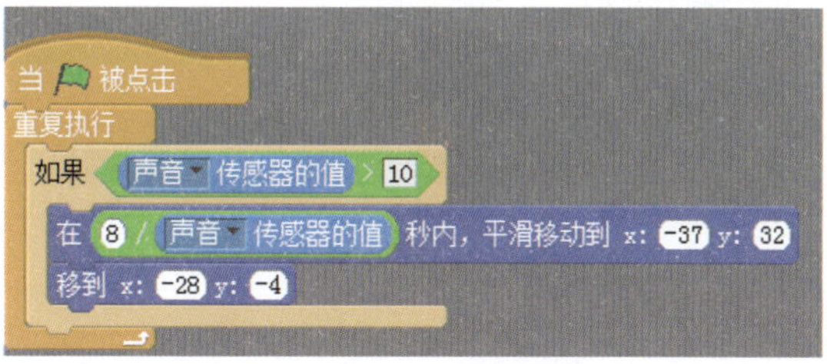

图 6-19　角色 1 脚本

（2）声音越大，眼睛的移动速度越快，因此将 在 8 / 声音 传感器的值 秒内，作为眼睛移动的时间，平滑移动到 x: -37 y: 32 作为眼睛移动到的位置。注意：在移动过程中眼睛不要移出眼眶。

（3）眼睛的初始位置为 移到 x: -28 y: -4。

（4）由于 声音 传感器的值 作分母，为了避开分母为 0 的情况，给程序的运行加了一个先决条件，即 声音 传感器的值 > 10。

（5）将角色 1 的脚本复制给角色 2。注意：要适当调整角色 2 的坐标值。

【剧情延展】

嘈杂的声音让脾气暴躁的唐老鸭还以"眼色"，可他的手脚还没有放开呢，能让他手舞足蹈吗？

6.5　阳光小树——光线控制

【剧情简介】

光是植物生长必不可少的一个要素。植物生长过程中主要是进行光合作用和呼吸作用。光合作用只在有光的时候进行，它吸收空气中的二氧化碳，并与水在光照的作用下发生光合作用，产生糖类和氧气，光合作用就像人类吃饭、活动一样为机体提供营养。光有多强呢？它能为小树的成长提供多少营养呢？光线越强，小树就会长得越繁茂（见图6-20和图6-21）。

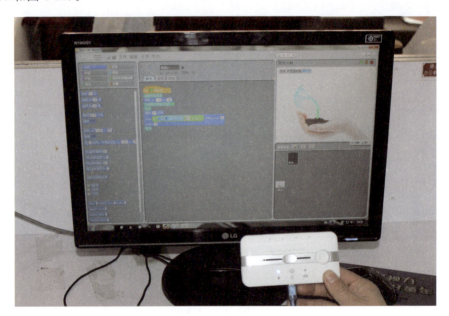

图 6-20　光线控制

【准备道具】

（1）选择背景图片导入到舞台。

（2）绘制一个点作为角色1，程序中使用这个点作为画笔来绘制小树。

【编写剧本】

（1）选择角色编写如图6-22所示的脚本。

（2）首先确定树根的位置 `移到 x: -33 y: -66`。

（3）小树的绘画过程利用的是前面介绍过的递归树，在这里把递归的层数与光线的值联系起来 `将 光线 传感器的值 / 6 四舍五入`，为了避免画出半棵树的情况，用四舍五入的方法进行取整。

图 6-21　阳光小树

图 6-22　阳光小树脚本

【剧情延展】

阳光照耀下的小树已经茁壮成长了,温暖明媚的阳光还赐予了我们许多东西。你能设计出什么奇妙的游戏呢?

6.6　水缸里的鱼——传感器的综合应用

【剧情简介】

同学们一定都见过鱼缸吧,今天就来设计一个模拟鱼缸的小游戏(见图 6-23 和图 6-24)。鱼缸里的鱼儿自由自在地游着,如果有声音骚扰它们就会加速游动,鱼缸的旁边还有一只顽皮的小猫,它早已对这缸鱼儿垂涎三尺了,只是鱼儿们吐出的气泡让它有些眼晕。我们用光线来控制猫到鱼缸的距离,当猫靠近鱼缸的时候鱼儿也会加速游动。此外,声音的大小还会影响鱼的游速;用滑杆来控制气泡的上升速度。

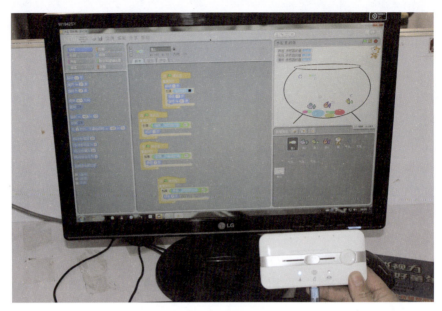

图 6-23　传感器的综合应用

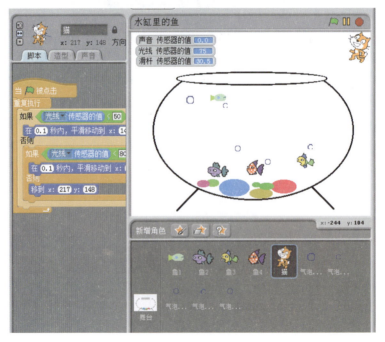

图 6-24　水缸里的鱼

【准备道具】

（1）单击舞台绘制一个鱼缸，如图 6-25 所示。

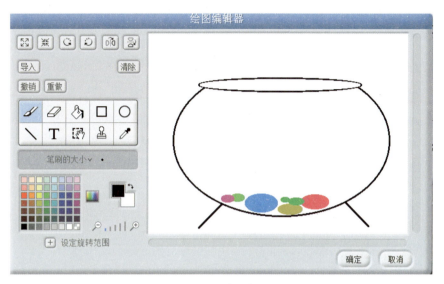

图 6-25   绘制鱼缸

（2）从文件夹中新增角色，选择 4 条鱼。

（3）从文件夹中新增一个猫的角色。

（4）绘制 4 个气泡角色。

【编写剧本】

（1）因为影响猫的因素只有光线，而且只有一只猫，所以先写猫的脚本，如图 6-26 所示。

这里将猫的平移滑动距离分别设为光线 50 和 80 两个区间。

（2）气泡的脚本如图 6-27 所示。这里只要写好一个气泡的脚本，然后复制给其他气泡就可以了。需要注意的是，要改一下气泡的坐标值。

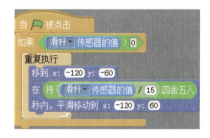

图 6-26   猫的脚本   图 6-27   气泡脚本

（3）鱼的脚本。首先确定鱼的初始位置和运动范围（见图6-28），然后设置声音对鱼的影响的脚本（见图6-29），最后编写光线对鱼产生影响的脚本（见图6-30），因为这里的光线不仅影响到了鱼，还影响到了猫到鱼缸的距离，所以这里的光线值需要设置为和猫的光线值相同。上述脚本只是对一条鱼编写的，因此还需要将这些脚本复制给其他的鱼。

图6-28　鱼的初始化

图6-29　声音对鱼的影响

图6-30　光线对鱼的影响

【剧情延展】

在鱼缸这个游戏中，综合运用了板子上的滑杆、声音、光线3个传感要素，能不能再发挥一下自己的想象力，给它加上一个按钮的控制要素呢？

参考文献

［1］ BYOB 手册. http://byob.berkeley.edu/BYOBManual.pdf.

［2］ 美国加州大学伯克利分校的 bjc(Beauty and Joy of Computing)课程. http://bjc.berkeley.edu/.

［3］ 陈紫凌博客. http://blog.sina.com.cn/s/blog_667a8d3501012iv2.html.